250 ml
APPROX
200
150

Cosmetic manufacturing theory and practice

화장품 제조

이론 및 실습

김나영 · 박초희 · 손효정 · 이주연 · 정 인

메디시인

머리말

화장품 산업은 기초과학과 응용기술이 종합적으로 적용되는 산업에 속하며, 생산 단위당 부가가치 창출액은 다른 산업보다 약 10% 정도 높은 고부가가치 산업으로서 70년대 경제성장과 더불어서 화장품 산업도 지속 성장하여 이제 국내 화장품 시장은 1인당 소비 금액 면에서 세계 10위를 차지하는 시장이 되었습니다.

화장품 산업이 발전하면서 많은 대학교에 화장품학과가 생겨나고, 학생들의 화장품에 대한 전공지식을 습득할 수 있도록 교과목이 개발되고 있습니다.

화장품 공업을 살펴보면 화학, 생물과학, 생명공학, 약학, 생리학 등 기초과학과 응용기술이 복합적으로 작용되는 전형적인 정밀화학공업의 한 분야로 기술집약적인 고부가가치 산업이며, 단순한 제조업이 아니라 연구개발 비중은 물론이며, '감성 공학'이 큰 비중으로 반영되는 감성 하이테크산업으로 발전하고 있습니다.

또한 유행에 민감한 이미지 산업이기도 한 글로벌 화장품 산업은 전 세계적 불황에도 불구하고 수요를 지속적으로 창출해 내는 미래 유망산업으로 위상을 넓혀가고 있습니다. 특히 새로운 소비 트렌드가 부상하고 있으며, 유통채널 또한 다양한 발전 가능성을 보이고 있어 앞으로의 성장이 더욱 기대되는 분야입니다.

이 책 필자들은 2010년 대부터 화장품 사용 및 제조 실습을 강의하면서, 활용성 높은 교재 내용으로 개발하고자, 여러 차례 회합을 갖고 화장품의 전반적인 기초 이론과 제조 실습의 일반 공정 및 천연화장품 제조 공정으로 실무 교육에도 사용할 수 있고 워크북 형태로도 사용이 가능한 교재를 개발하게 되었습니다.

아울러 실제로 내용을 학습하고, 실습 후 복습하는데 효율성을 높이도록 구성하였으며, 교수자의 수행평가가 용이하고, 학생들의 포트폴리오 작성이 가능하도록 수행과정을 워크북 형태로 제작하였습니다.

본 교재가 화장품 이론 및 제조 실습에 많이 활용되어, 제조 실무 시 도움이 되기를 기대합니다.

임인년 만추에

저자 일동

차 례

PART I 화장품 제조의 원리

Chapter 1 화장품의 이해

Chapter 2 피부와 모발

Chapter 3 화장품 제조 원리 및 기자재

Chapter 4 화장품 원료

Chapter 5 화장품 종류

Chapter 6 화장품 용기

Chapter 10 기초 화장품

Chapter 11 두피 화장품

Chapter 12 방향성 화장품

Chapter 13 색조 화장품

PART Ⅰ

화장품 제조의 원리

1. 화장품의 이해
2. 피부와 모발
3. 화장품 제조 원리 및 기자재
4. 화장품 원료
5. 화장품의 종류
6. 화장품 용기
7. NCS기반 화장품 품질보증
8. 화장품 표시문구 및 광고문구

Chapter 1

화장품의 이해

1. 화장품의 역사

화장품은 인류 역사 가운데 다양한 지역과 모든 사회에 걸쳐 빠짐없이 등장한 문명의 산물이지만, 부富의 편중과 신분에 의한 독점적인 특수성으로 지금처럼 일반 대중들이 위생과 미화를 목적으로 접할 수 있게 된 것은 불과 19세기 후반에 이르러서야 가능해진 일이다. 고대 이집트로부터 시작되어 현대 서구 사회의 산업화를 거치기까지 화장품의 전반적인 역사의 흐름을 살펴보자.

1. 이집트의 나르메르 화장판(narmer palette)

최초로 발견된 화장품 사용에 대한 고고학적 증거는 기원전 3100년경 고대 이집트의 '나르메르 화장판'에서 찾아볼 수 있다. 이집트 여성들은 길이가 63cm에 방패 모양의 편암schist으로 만들어진 이 화장판 뒷면에 광물을 갈아서 분말처럼 사용했는데, 태양과 모래 바람으로부터 눈을 보호하기 위해 휘안석stibnite과 태운 아몬드, 왁스, 재, 오커 등을 조합해서 만든 검정색 아이섀도우인 '콜kohl'을 바르거나, 밝은 녹색의 공작석malachite 페이스트로 얼굴을 치장하였다.

그림 1-1 나르메르 화장판

앞면은 이집트 최초의 파라오인 나르메르가 이집트를 통일하는 과정을 묘사했고, 뒷면은 그것을 기념하는 내용으로 구성

그림 1-2　콜을 사용한 고대 이집트의 독특한 눈 화장법

2. 아시아인이 동경하는 흰 피부

기원전 1500년경 중국과 일본의 문헌에 의하면 쌀가루로 얼굴을 하얗게 만든 다음 눈썹은 깎아내고, 치아는 검정색으로 칠하는 것이 미인으로 인정받았는데, 새하얀 얼굴에 비해 치아 위생이 지금처럼 발달하지 않았던 시기이므로 이가 누렇게 보이는 것을 감추기 위하여 역으로 까맣게 칠했던 것으로 보인다.

얼굴을 하얗게 유지하는 것은 노동을 하지 않아 살갗을 햇빛에 노출할 일이 거의 없는 지배 계층을 상징했기 때문에 현재까지도 아시아인에게 있어서 흰 피부는 미의 기준으로 자리매김하고 있다. 최근까지도 동남아시아 일부 국가에서는 피부를 창백하게 보이기 위하여 납이 든 화장품을 바르는 사례가 보고된 바 있다.

그림 1-3　오하구로

치아를 검게 칠하는 과거 일본의 화장법으로
식초나 청주에 못을 녹인 액체를 사용

그림 1-4　중국 전통 연극인 경극 배우의 흰 피부

3. 타투와 염색

서기 300년경부터 인도와 힌두교 문화권에서는 결혼식 전에 신부 화장을 위하여 헤나henna 식물로 손과 발에 복잡한 무늬를 그렸고, 모발 염색에도 활발하게 사용하였다. 헤나를 이용한 타투는 여전히 활발하게 이용되고 있다.

그림 1-5 헤나

잎과 잎꼭지에서 추출한 염료로 염색

그림 1-6 헤나 문신

4. 근대 서구의 화장품 인식

근대 서양 역사에서 화장품의 사용은 부정적인 것으로 간주되었는데, 주로 배우나 매춘부들이 자신의 본래 모습을 감추기 위한 분장으로 메이크업을 활용했기 때문이다. 또한, 당시의 화장품은 화학적으로 불안정하고, 피부 건강에 치명적일 수 있는 소재들로 만들어졌으며, 쉽게 구하기 어려워 보편화되지는 못했다.

그러나 20세기 중반에 접어들면서 공산품의 대량 생산과 기술의 발달로 화장품이 빠르게 보급되어 개인 위생과 개성 표출을 위한 도구로 대중들에게 널리 받아들여졌다.

5. 한류의 성공과 K-뷰티

세계시장에서 한류의 성공적인 진출로 K-콘텐츠가 여러 국가에서 주목을 받게 되면서 K-뷰티의 우수성과 수요도 폭발적으로 함께 증가했다. 이에 발맞추어 정부에서는 4차 산업혁명의 신성장 동력으로 K-뷰티 집중 육성 사업을 펼치게 되었고, 현재에 이르기까지 화장품 산업은 괄목할 만한 성장을 이룰 수 있었다.

그 결과, 접근성이 낮아진 화장품 산업에 다수의 기업이 공격적으로 진출하게 되면서 출혈 경쟁과 포화 상태를 겪고 있고, 우수한 품질을 기반으로 진정성 있는 마케팅과 차별화된 요소를 지닌 브랜드만이 롱런할 수 있는 성숙기로 접어들고 있다.

2. 화장품의 정의

화장품의 영어 표기는 '카즈메틱스Cosmetics'인데 이것은 그리스어에서 '질서'를 뜻하는 단어인 '코즈모스κόσμος'에서 유래되어 프랑스어의 화장품 표기인 '코스메티크cosmétique'를 거쳐 17세기 초 지금의 영어 표현으로 정착되었다. 질서라는 명사가 화장품과 직접적인 관계는 없으나, 모든 화장품이 인간의 외모를 아름답고 바르게 교정해주는 도구로써 기능하기 때문에 질서에서 유래된 것으로 유추할 수 있다.

각 국가마다 법률로 규정한 화장품의 정의는 대체로 유사하고, 화장품 산업을 견인하고 있는 주요 국가에서는 최근에 급격히 높아진 그 위상을 반영하여 일제히 화장품의 정의를 개정하였다. 그러나, 인체에 대한 작용이 경미한 것으로 의약품의약외품 포함과의 경계선을 명확하게 구분하고자 하는 목적에는 변함이 없다.

표 1-1 국가별 화장품의 정의

국가	법령 및 개정일자	정의
한국	화장품법 제2조 제1호 (2020년 4월 7일 개정)	인체를 청결·미화하여 매력을 더하고 용모를 밝게 변화시키거나 피부·모발의 건강을 유지 또는 증진하기 위하여 인체에 바르고 문지르거나 뿌리는 등 이와 유사한 방법으로 사용되는 물품으로서 인체에 대한 작용이 경미한 것을 말한다. 다만, 「약사법」 제2조제4호의 의약품에 해당하는 물품은 제외한다.
미국	FD&C Act, sec. 201 (i) (2019년 6월 24일 개정)	세정, 미화, 매력 증진, 외모를 변화시키기 위해 인체 또는 그 일부에 문지르거나, 붓거나, 뿌리거나, 분무하거나 또는 그 밖의 다른 방식으로 도포하는 물품 및 구성 요소로서 사용되는 물품을 말한다.
일본	약사법 제2조 제3항 (2016년 12월 16일 개정)	사람의 신체를 청결하게 하고, 미화하고, 매력을 증가시켜, 외모를 바꾸거나 피부 혹은 모발을 건강하게 유지하기 위해서 신체에 도포, 살포 기타 이것들과 유사한 방법으로 사용되는 것이 목적인 것으로, 인체에 대한 작용이 완화된 것을 말한다.

3. 화장품 품질 4대 요건

화장품을 제조, 판매함에 있어서 반드시 요구되는 품질의 4대 요건은 다음과 같다.

① **안전성** safety

화장품은 불특정 다수를 대상으로 남녀노소를 가리지 않고 장기간 지속 사용하는 제품이므로 인체 독성 및 피부 자극 반응 등의 부작용이 없도록 안전하게 만들어져야 한다.

② **안정성** stability

화장품에 표기된 사용기한 및 품질보증기간 동안에는 화장품 내용물과 용기에 의한 변색, 변취, 분리 등의 불량 현상이 발생하지 않고, 미생물 오염에 의한 부패가 일어나지 않도록 안정하게 만들어져야 한다.

③ **사용성** usability

화장품 내용물은 발림성이 우수하고, 피부 흡수가 용이하며, 화장품 용기는 사용하기 편리하도록 만들어져야 한다.

④ **유효성** efficacy

제품의 사용 목적에 부합하는 기능성 화장품 혹은, 그에 준하는 적합한 성분이 함유되어 유효한 효과가 나도록 만들어져야 한다.

그림 1-7 화장품 품질 4대 요건

4. 화장품 성분의 피부 흡수력

국제저명학술지인 유럽면역피부과학회지Exp Dermatol 2000년 6월호에 실린 연구 결과에 따르면, 화장품이든 의약품이든 성분의 분자량이 500달톤 이하여야 피부 흡수가 가능하다고 발표되었다.

달톤Da은 리보솜이나 미토콘드리아, 바이러스 등과 같이 분자량 개념을 적용하기 어려운 질량을 나타내는데 쓰이는 단위이다. 500달톤이 넘는 몇 가지 대표적인 화장품 성분을 예로 살펴보면, 히알루론산이 5,000달톤, 상피세포 성장인자EGF가 6,000달톤, 콜라겐이 120,000달톤에 달할 만큼 큰 편이다.

그렇다면, 피부 흡수를 높이기 위해 이런 유효 성분을 더 잘게 쪼개면 쉽게 해결할 수 있지 않을까. 아쉽게도 500달톤 이하로 분해된 화장품 성분들은 본래의 기능을 상실하게 되는데, 주름개선 기능성 성분인 펩타이드를 미세하게 분해하고 나면 펩타이드는 온데간데없이 여러 종류의 아미노산만 남게 되는 원리와 비슷하다.

이처럼 특정 유효 성분의 피부 흡수력은 제한적이며, 피부에 다량 흡수가 가능하다고 하더라도 혈류를 통해 화학적으로 합성된 계면활성제, 색소, 보존제 등도 함께 흡수되어 인체 어딘가를 배회하는 것을 바람직한 현상이라고 보기는 어렵다.

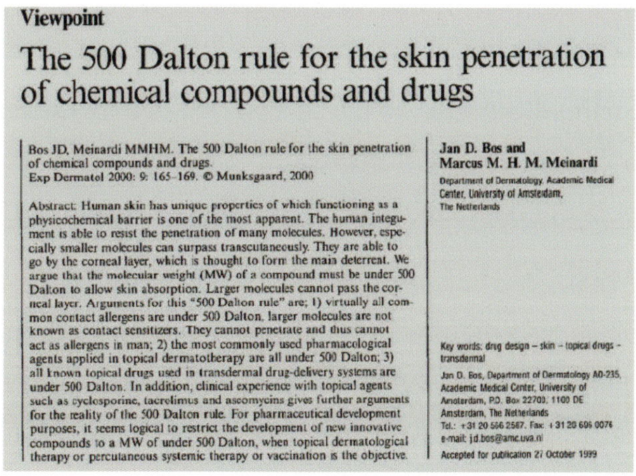

Viewpoint

The 500 Dalton rule for the skin penetration of chemical compounds and drugs

Bos JD, Meinardi MMHM. The 500 Dalton rule for the skin penetration of chemical compounds and drugs.
Exp Dermatol 2000: 9: 165–169. © Munksgaard, 2000

Abstract: Human skin has unique properties of which functioning as a physicochemical barrier is one of the most apparent. The human integument is able to resist the penetration of many molecules. However, especially smaller molecules can surpass transcutaneously. They are able to go by the corneal layer, which is thought to form the main deterrent. We argue that the molecular weight (MW) of a compound must be under 500 Dalton to allow skin absorption. Larger molecules cannot pass the corneal layer. Arguments for this "500 Dalton rule" are; 1) virtually all common contact allergens are under 500 Dalton, larger molecules are not known as contact sensitizers. They cannot penetrate and thus cannot act as allergens in man; 2) the most commonly used pharmacological agents applied in topical dermatotherapy are all under 500 Dalton; 3) all known topical drugs used in transdermal drug-delivery systems are under 500 Dalton. In addition, clinical experience with topical agents such as cyclosporine, tacrolimus and ascomycins gives further arguments for the reality of the 500 Dalton rule. For pharmaceutical development purposes, it seems logical to restrict the development of new innovative compounds to a MW of under 500 Dalton, when topical dermatological therapy or percutaneous systemic therapy or vaccination is the objective.

Jan D. Bos and Marcus M. H. M. Meinardi
Department of Dermatology, Academic Medical Center, University of Amsterdam, The Netherlands

Key words: drug design – skin – topical drugs – transdermal

Jan D. Bos, Department of Dermatology AD-235, Academic Medical Center, University of Amsterdam, P.O. Box 22700, 1100 DE Amsterdam, The Netherlands
Tel.: +31 20 566 2587, Fax: +31 20 696 0076
e-mail: jd.bos@amc.uva.nl

Accepted for publication 27 October 1999

그림 1-8 500달톤 이하의 성분만이 피부 침투가 가능하다는 논문

5. 화장품 산업의 미래 전망

현대적인 화장품의 모습은 20세기부터 점차 갖춰지게 되었으며, 각 국가들은 법률로서 화장품에 대한 각종 규제와 감독을 시작하게 되었는데, 우리나라는 일본 약사법의 영향을 받아 의약품과 비슷한 수준으로 관리하다가 1999년에 비로소 독립된 형태의 화장품법을 제정하여 별도로 관리하기 시작했다.

지금처럼 화장품 라벨에 모든 성분을 표기해야 하는 전성분표시제는 2008년에야 도입됐을 만큼 다른 산업에 비해 행정적인 정비는 다소 늦은 편이나 시장 규모로 보자면 2018년 한 해에만 4800억 달러약 570조 원, 유로모니터에 달하고 매년 성장률이 두 자릿 수를 기록할 만큼 승승장구하는 산업 중에 하나이다.

그림 1-9 대표적인 종교 인증 마크인 '할랄'과 '코셔'

향후 화장품 산업은 아시아 신흥 국가의 소비 증가로 지속적인 수요가 예상되며, 미래 트렌드로는 젠더리스, 비건, 종교 인증할랄, 코셔 등, 맞춤형 화장품 등의 키워드들이 주도할 것으로 보인다. 화장품과 연계된 IT 비즈니스도 화장품 산업 못지 않게 상당한 규모로 발전하고 있다.

표 1-2 국가별 전성분표시제 도입 연도표

국가	도입시기	기재 예외사항
미국	1977년	• 제조 공정에서 사용되지만 중화되어 염으로 변화된 경우 • 제조 공정에서 사용되지만 표시성분과 동일 구성물로 전환되고 농도가 크게 증가하지 않는 경우
유럽	1997년	• 사용된 원료의 불순물인 경우 • 최종 완제품에는 존재하지 않으나 제조 공정에서는 사용된 보조 물질인 경우
일본	2001년	• 사용된 원료의 불순물이나 제품 중 그 효과가 발휘되지 않는 소량 함유된 경우

그림 1-10 화장품에 붙어있는 전성분 표시 라벨

Chapter 2

피부와 모발

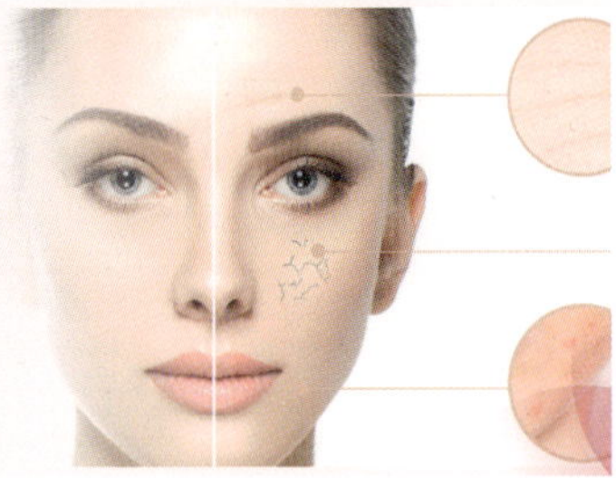

1. 피부의 구성과 역할

피부는 표피, 진피, 피하지방까지 총 3개층으로 이루어져 있다. 피부는 항상 pH 4.5~6.5의 약산성을 유지하여 외부로부터 유해 물질의 침입을 막고, 내부 수분이 증발하지 않도록 피지를 분비하여 피지와 땀으로 이루어진 피지막을 형성하는 방식으로 피부를 코팅한다. 피부의 pH는 이렇게 형성된 피지막으로 측정된다.

1. 표피(epidermis)

표피는 피부 가장 바깥쪽에 위치하여 외부로부터 신체를 보호하는 첫번째 방어막인 중요한 역할을 한다. 체외층부터 각질층 → 투명층손, 발바닥 → 과립층 → 유극층 → 기저층으로 부위에 따라 총 4~5겹으로 이루어져 있다. 또한 총 25~40겹 정도의 세포로 이루어져 있지만, 이는 약 0.1mm 정도인 종이 한 장 정도의 두께에 불과할 정도로 매우 얇다. 표피는 세포 사이마다 지질 성분으로 채워져 있으며, 이물질이 통과할 수 없도록 피부 장벽천연보습인자+세포간지질+교소체을 형성한다.

(1) 표피에 존재하는 4개 세포

① **각질형성세포**keratinocyte : 각질을 형성하는 세포로 멜라닌형성세포와 4~10각질형성세포 : 1멜라닌형성세포의 비율로 분포되어 있다. 기저층에 존재하며 기저세포로도 불리고 표피세포의 약 80% 이상을 차지하는 세포이다.

② 멜라닌형성세포melanocyte : 기저층에 존재하는 세포로 피부색을 결정짓는 주요한 요인 중에 하나인 멜라닌melanin을 만드는 세포이며, 멜라닌은 페오멜라닌pheomelanin: 노란색, 붉은색과 유멜라닌eumelanin: 갈색, 검은색으로 나뉜다.

멜라닌형성세포 안에서 이 두 가지의 멜라닌이 중합체를 형성하여 멜라노좀melanosome이라는 주머니 안에 저장되어 보관된다. 인종 별 피부색은 이 멜라닌 색소에 의해 차이가 나는데, 흥미롭게도 인종 별 멜라닌 세포 수 자체에는 큰 차이가 없다. 단지, 멜라닌형성세포에서 만든 멜라노좀의 크기, 분포, 수, 그리고 멜라노좀 안의 멜라닌 양 등에 의해 피부가 희게 보이거나 검게 보이는 것이다.

문어발과 같은 수상돌기로 되어 있어서 멜라닌형성세포에서 생성된 멜라노좀이 세포돌기를 통해 각질형성세포로 이동하게 되고 멜라노좀 안에 있던 멜라닌 색소가 표피의 각 층으로 전달되면서 피부의 색이 나타나게 된다.

③ 메르켈세포merkel cell : 기저층에 있는 촉각세포이며 주로 모발이 없는 손바닥, 발바닥, 입술, 구강점막 등에 존재한다. 메르켈세포는 불규칙한 모양의 핵과 함께 신경섬유의 말단과 연결되어 있어서 신경의 자극을 뇌에 바로 전달한다.

④ 랑게르한스세포langerhans cell : 대표적인 피부면역 세포로서 긴 돌기를 그물처럼 표피 전역에 뻗어 피부를 투과하여 들어오는 외부 침입 물질을 걸러낸다. 랑게르한스세포는 약 16일의 주기를 가지고 있으며 피부의 유극층에 존재하고 표피세포의 약 5% 정도를 차지한다.

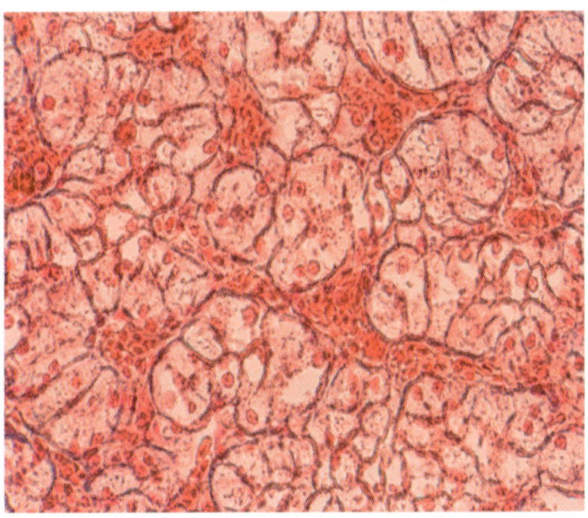

그림 2-1 피부 세포

(2) 표피를 구성하는 4개 층

① **각질층***stratum corneum* : 약 10~25개의 얇은 층으로 건조하고 납작하며, 핵이 죽은 상태의 무핵세포들로 채워져 있다. 피부의 가장 바깥쪽에 위치하고 있으며 머리카락과 손톱에는 강하고 단단한 단백질인 케라틴keratin이 분포하고 있다.

② **투명층***zona pellucida* : 손바닥과 발바닥에만 존재하는 층으로 반유동성 단백질인 엘라이딘이 존재하여 빛을 굴절시켜 차단하는 역할을 한다.

③ **과립층***stratum granulosum* : 각질층 바로 밑에 존재하며손, 발바닥 제외, 각질형성세포의 세포질 내에 케라틴 단백질이 뭉쳐진 과립케라토히알린을 포함하고 있다. 대부분 무핵세포로 이루어져 있으며, 2~5개의 방추형 세포로 내부의 수분 증발을 방지하고 외부의 이물질을 막아주는 방어막 역할을 하며, 천연보습인자NMF : Natural Moisturizing Factor를 만들어내는 필라그린filaggrin이 존재한다.

④ **유극층***stratum spinosum* : 유극층에 도달한 각질형성세포는 분열을 멈추고 각질을 만들어 가기 위해 분화과정을 계속하게 되고, 점차 납작해지기 시작한다. 6~10개의 층으로 구성되어 있으며, 표피층에서 가장 두꺼운 층으로 세포재생이 가능하다. 세포들이 가시모양으로 연결되어 있으며, 랑게르한스세포가 존재하는 층이다.

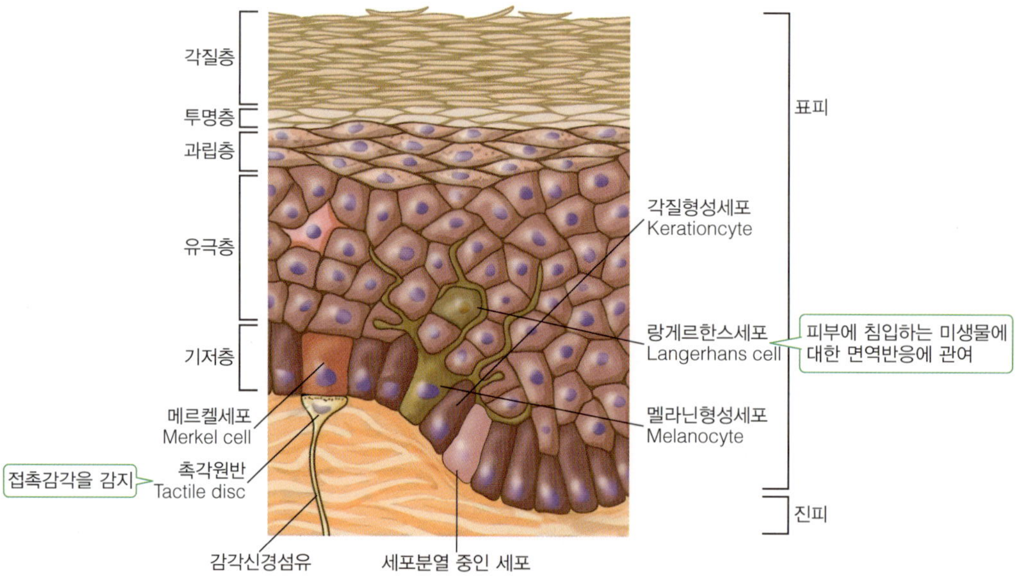

그림 2-2 표피를 구성하는 4개 층

⑤ 기저층*stratum basale* : 표피의 가장 아래에 위치한 단일세포층으로 진피와 경계를 이루는 층이며, 멜라닌형성세포와 각질형성세포가 존재한다. 각질형성세포는 분열을 통해 하나가 둘이 되고, 이 중 하나의 세포는 바로 위에 있는 층인 유극층으로 올려 보내지게 되며, 다른 하나는 기저층에 계속 머물면서 끊임없이 분열하여 새로운 세포를 만들어 낸다. 물결모양의 층으로 요철이 많고 깊을수록 탄력이 좋은 건강한 피부라고 할 수 있다.

2. 진피(dermis)

공기로 가득 찬 풍선처럼, 진피는 대표적으로 콜라겐섬유collagen와 탄력섬유elastic fiber가 주를 이루고, 히알루론산hyaluronic acid, 기질ground substance 등과 같은 글라이코사미노글라이칸glycosaminoglycan으로 채워져 있다. 또한, 콜라겐과 엘라스틴을 만들어 내는 섬유아세포fibroblast와 알레르기의 주요인으로 피부질환에 영향을 주는 비만세포mast cell가 존재하며, 혈관과 신경, 땀샘과 피지샘, 아포크린샘 등이 진피에만 위치하고 있다.

3. 피하지방(subcutaneous fat)

피부의 가장 아래쪽에 있는 피하조직으로 진피와 근육, 뼈 사이에 있다. 피하지방은 인체의 체온을 유지하면서 에너지를 저장하는 역할을 하며, 여성호르몬의 영향으로 남성보다 여성이 두꺼운 피하지방층을 형성하며 곡선미를 나타낸다.

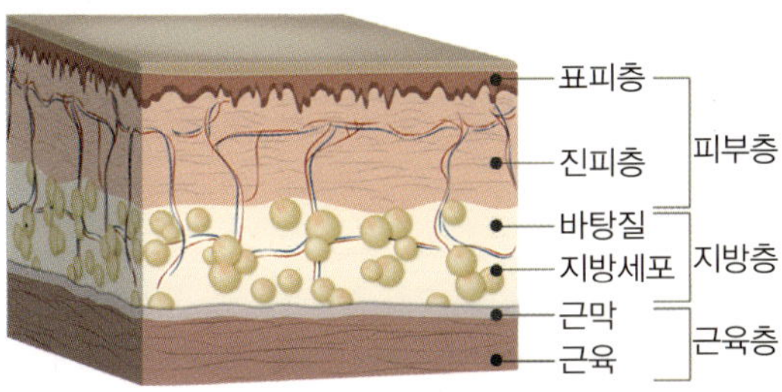

그림 2-3 피부 단면도

1cm² 안에 존재하는 피부 기관들

Check Point

자를 이용하여 1cm²의 정사각형 종이를 오린 다음에 손바닥 위에 올려놓아 보자. 이 작은 1cm² 안에 존재하는 피부 기관들의 종류와 숫자를 상상해 볼 수 있다.

① 6,000,000개 세포
② 5,000개 말단 감각기
③ 400cm 신경 섬유
④ 200개 통증 감지점
⑤ 100cm 혈관
⑥ 100개 땀샘
⑦ 15개 피지샘
⑧ 12개 냉감 수용체
⑨ 5개 털
⑩ 2개 열 수용체

그림 2-4 1 cm² 의 실제 크기

2. 피부미백

자외선에 노출된 피부는 세포를 보호하기 위하여 멜라닌색소가 다량으로 생성되는데, 합성과정에서 이상 현상이나 피부에 자극을 주는 여러 요인에 의해 기미, 주근깨, 흑자, 검버섯 등의 색소성 반점이 유발된다. 색소침착이 더 심해지지 않도록 하기 위해서는 자외선 차단 기능성 화장품과 미백 기능성 화장품을 사용하여 관리에 도움을 준다.

1. 기미

주로 자외선에 의해 생기지만, 호르몬 이상도 하나의 원인이 된다. 특히 여성에게 빈번하고, 임신 중에 도드라진다. 양쪽 광대뼈에서 띠를 형성하는 것처럼 대칭적으로 나타난다.

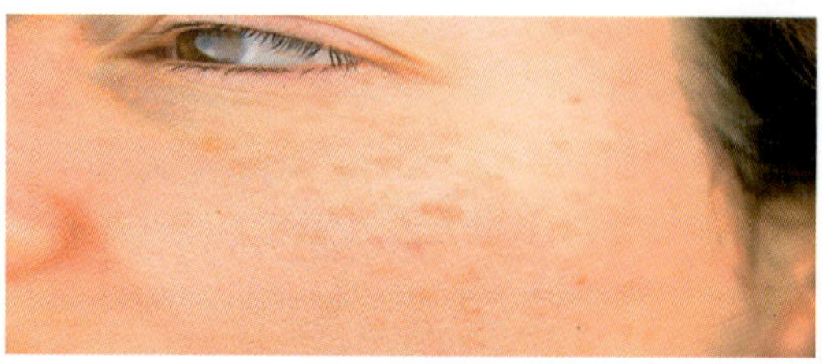

그림 2-5 기미

2. 주근깨

황갈색의 작은 색소성 반점으로 마치 깨를 얼굴에 올려놓은 것처럼 불규칙한 갈색 반점들이 뺨과 코 주변으로 형성된다. 정상피부와는 경계선이 뚜렷하며, 유전적인 요인이 크지만 햇빛의 영향으로 생성되거나 더욱 진해질 수 있다.

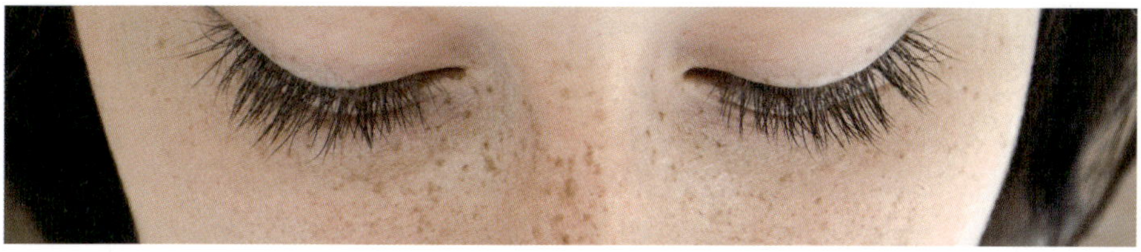

그림 2-6 주근깨

3. 흑자

얼굴뿐만 아니라 자외선에 노출되는 팔, 다리, 몸 전역에 고루 발생하는 흑자는 60세 이상의 노인에게서 쉽게 관찰되는 색소침착 현상이다. 주근깨보다는 부위가 넓고 기미보다는 색소의 밀집 현상이 뚜렷하게 나타난다.

그림 2-7 흑자

4. 검버섯

주로 남성에게서 많이 발생하는 검버섯은 편평하지 않고 점처럼 볼록하게 튀어 나와 있기 때문에 다른 색소성 질환과 쉽게 구분이 가능하다.

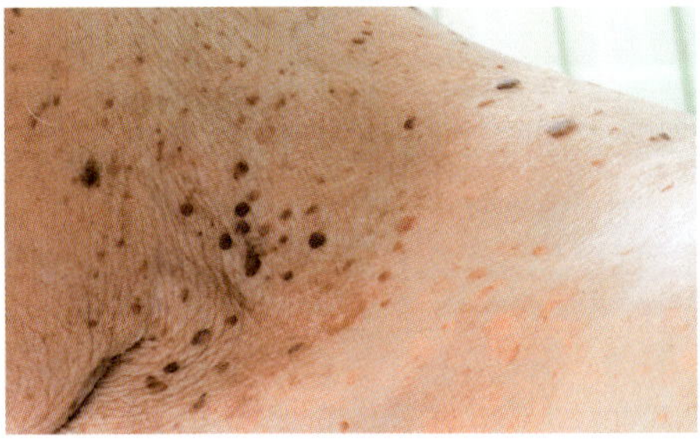

그림 2-8　검버섯

3. 과잉피지와 여드름

피지샘에서 분비되는 피지는 피부와 털을 윤기 있고 건강하게 보호해 주지만 지나치게 분비된 과잉피지는 여드름을 야기한다. 더불어 세균에 의한 여드름 발생도 부추기는데 모공 안에서 피지 배출이 방해를 받게 되면 모낭 내 상주하는 세균인 큐티박테리움 아크네스*Cutibacterium acnes*; 이전에는 *Propionibacterium acnes*로 불리움 균이 모공 벽이 부서진 틈으로 침입하여 염증을 유발한다.

1. 과잉피지 분비

(1) 사춘기 여드름

사춘기에 분비되는 왕성한 호르몬이 피지샘을 자극하여 과잉피지 분비를 촉진시킨다. 심한 경우 화농성 여드름으로 발전할 수 있기 때문에 피부과 전문의의 적절한 치료를 받는 것이 필요하다.

(2) 성인 여드름

성인 여드름은 신체 내부의 호르몬 영향뿐만 아니라, 외부에 의한 영향도 함께 받는다. 불규칙한 생활습관과 스트레스, 화장품 오용으로 여드름이 더 심해질 수 있다.

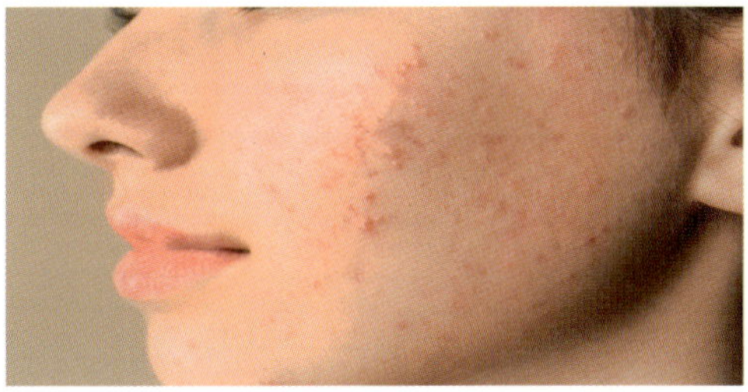

그림 2-9 사춘기 여드름 피부

여드름이 생겼을 때 적절한 관리나 치료를 하지 않으면 여드름 흉터나 자국 등이 남을 수 있다.

2. 여드름 구분

(1) 면포comedone

면포는 모공 안에서 과도하게 분비된 피지와 죽은 각질 등이 뭉쳐진 것이다. 여드름의 초기 증상인 면포는 개방면포black head와 폐쇄면포white head의 두 가지 형태가 있다. 개방면포는 모공이 열려 있어서 면포가 공기와 만나면 멜라닌과 지방산이 산화작용에 의해 까맣게 되고, 폐쇄면포는 모공이 닫혀 있기 때문에 면포가 공기와 만나지 못하고 모공 안에 갇혀 있어 하얗게 보이며 염증성 여드름으로 진행될 가능성이 높다.

(2) 구진papules

정상 피부와 경계가 뚜렷하며 지름이 5mm 미만의 작고 딱딱한 덩어리 형태를 구진이라고 한다. 모공 속 각질이 원활하게 탈락되지 못하고 쌓이게 되면 피지 배출도 방해를 받아 함께 쌓이게 되는데 이때 염증이 생기면 구진으로 발전한다.

(3) 농포pustule

육안으로 봤을 때 여드름 한가운데에 노랗게 염증이 차있는 화농성 여드름이다. 농포 주위 피부는 대부분 붉게 변해 있다.

(4) 결절 nodule

구진과 유사한 형태를 보이지만 그 직경이 더 크고5mm 이상 모공 깊숙한 곳에 존재하여 쉽게 사라지지 않고 8주 혹은 그 이상 장기간 지속되는 경향이 있다.

손으로 만지면 딱딱하고 염증이 있는 부위는 통증과 함께 빨갛게 부어 있기도 한다. 구진보다 염증의 통증이 심하며 염증이 장기간 지속되면서 모공벽 파열이 심해지고 추후 흉터가 남을 수 있다.

(5) 낭종 cyst

결절이 더욱 악화된 상태로 모공 안의 모공벽이 깊고 넓게 파열돼서 염증이 일어난 상태로 주변의 모공들이 함께 거대한 염증반응이 생긴다. 낭종은 만졌을 때, 주머니와 액체 형태의 피지가 차 있는 감촉을 느낄 수 있으며, 보통 직경 1cm 이상의 크기에 흉터를 남긴다.

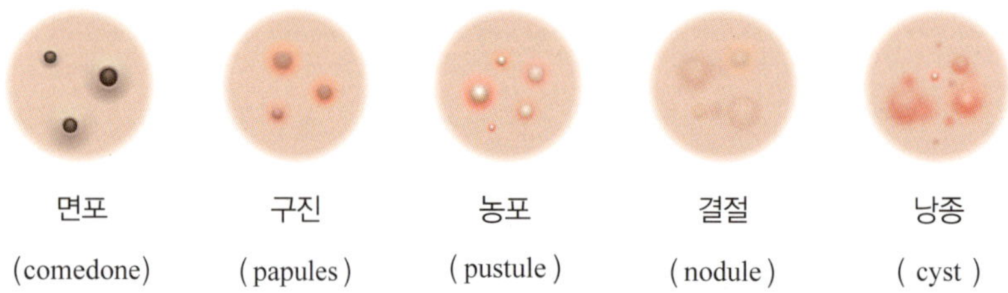

그림 2-10 여드름 구분

4. 아토피

생후 2~3개월부터 증상이 나타나는 아토피 피부염은 견디기 어려울 정도로 심한 가려움증을 동반한다. 그로 인해 수면 및 정신 장애, 스트레스, 대인기피증 등이 초래되어 정상적인 삶을 영위하기 어렵다. 아토피atopy는 그리스어의 '이상한'이라는 뜻에서 유래하였는데 명칭처럼 발생 원인이 정확하게 밝혀진 바 없고, 만성 질환으로 치료에 어려움이 있어 철저하고 꾸준한 관리가 요구된다.

남녀노소를 불문하고 아토피 피부염을 가지고 있는 사람들의 공통점은 극도의 가려움증과 건조증을 동시에 호소하는데 피부 장벽의 이상이나 지질, 면역학적 이상 등에 의해 나타나게 된다.

필라그린Filaggrin은 과립층에 존재하는 물질로 필라그린의 분해산물에 의해 천연보습인자가 생성되게 되는데, 아토피 피부염 환자들은 정상인들에 비해 필라그린의 양이 적거나 돌연변이를 일으켜 충분한 천연보습인자를 생성하지 못하게 된다.

또한, 아토피 피부염은 지질의 주 성분인 세라마이드ceramide의 함량이 감소되어 있는데 특히 세라마이드-1이 부족하고, 면역학적으로는 Th2면역반응으로 만들어진 사이토카인cytokine이 아토피 피부염을 악화시킨다는 보고가 있다.

이러한 이상증들에 의해 결국 피부장벽이 손상된 상태로 수분 손실이 지속적으로 일어나게 되어 가려움증과 건조증이 심해지는 것이다. 따라서 피부장벽의 보완을 위해 천연보습인자 성분아미노산, 피롤리돈 카르복시산, 젖산염 등, 지질 성분세라마이드, 콜레스테롤, 지방산 등을 보충해주는 보습제의 사용은 아토피 피부염의 피부관리에 있어서 상당히 중요한 역할을 한다.

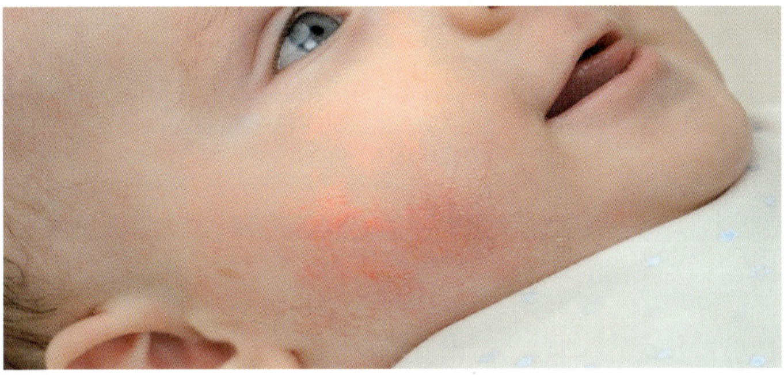

그림 2-11 아토피 피부염

5. 피부노화

나이를 먹어감에 따라 나타나는 자연스러운 내인성 노화만으로 아름답게 늙는 모습은 대부분의 사람들이 바라는 노화 현상일 수 있지만, 인간은 자외선에 의한 광노화와 환경오염, 흡연이나 스트레스와 같은 생활습관 등 다양한 외인성 노화에도 동시에 노출되어 피부노화가 더욱 가속화될 수 밖에 없는 현대 사회를 살아가고 있다. 피부노화가 심각해질 경우 발생될 수 있는 문제는 다음과 같다.

① 피부장벽 손상

피부장벽이 무너졌을 때 가장 먼저 오는 신호는 가려움증이다. 수분 증발이 빨라지고 건조해져 하얀 각질이 생기면서 심한 가려움증을 호소한다.

② 비타민 D 합성능력 감소

우리 피부는 UV-B에 의해 비타민 D가 합성되는 기관인데 피부가 노화되면 비타민 D의 재료가 되는 피부 내 콜레스테롤의 수치가 떨어져 자동적으로 비타민 D의 합성능력도 감소한다. 비타민 D가 부족할 경우 골다공증과 같은 2차 피해가 발생할 수 있다.

③ 상처회복 지연

피부노화가 발생하면 세포 분열이 느려져 상처회복 속도가 더디어 지고, 세균 감염 등의 위험도 높아지게 된다.

6. 모발의 구조와 기능

모발은 단백질로 이루어져 있고 한 달에 1~1.5cm 정도 자라며, 머리카락과 수염처럼 굵게 자라는 털terminal hair과 가늘게 자라는 솜털vellus hair로 나누어진다. 털 주머니모낭에서 생성되어 주기적으로 빠지고 자라나는 과정을 반복하는데 성장기, 퇴행기, 휴지기를 거치게 된다. 모발의 존재 여부는 생명과 직접적인 관련이 없지만, 직사광선에 의한 두피 보호, 의류와 피부가 닿는 경계면에 대한 마찰 감소, 성적 매력 제공 등의 부수적인 기능을 가지고 있다.

1. 모발 구조

① **모표피**cuticle

원통형 여러 개를 겹겹이 끼워놓은 것처럼 생겼으며, 현미경으로 보면 대략 4~20개 정도로 겹쳐져 있는 것을 관찰할 수 있다. 모발 내부를 감싸고 있으며, 매우 단단하고 화학적 저항성이 높으나, 물리적인 데미지에는 쉽게 손상된다. 모표피는 하나의 원통에 기왓장처럼 겹쳐진 형태로 모두 연결되어 있다.

② **모피질**cortex

모발의 85~90%를 차지하는 모피질은 케라틴 단백질과 세포간 결합물질인 간충 물질로 구성되어 있다. 모피질은 멜라닌 색소를 함유하고 있기 때문에 모발의 색상을 결정지으며, 모발의 강도, 흡수성, 약품 저항성, 탄력성 등의 특성과 연관이 있어 펌이나 염색 시술시 화학적 작용이 일어나는 부위이다.

③ **모수질**medulla

모발 중심부에 존재하며 약간의 멜라닌 색소와 벌집형태의 다각형 세포로 이루어져 있다. 그러나 모수질은 굵은 모발에만 있고, 가는 모발에는 없는 경우도 있다. 모수질이 많은 모발은 웨이브 펌이 잘되고, 모수질이 적은 모발은 웨이브 형성이 떨어지는 경향을 보인다.

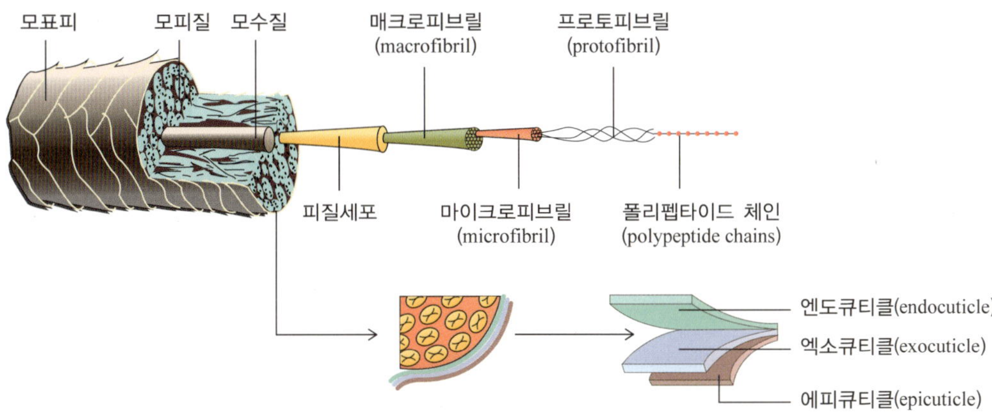

그림 2-12 모발의 세부 구조

2. 모발 주기

① 성장기anagen

모유두가 발달하고 모모세포가 활발하게 분열증식하여 털이 성장하는 시기로 모발의 약 80~90%가 성장기에 있다. 대체로 여성은 4~6년, 남성은 3~5년 정도 이 시기를 지속하다가 성장이 정지되면 퇴행기로 들어간다.

② 퇴행기catagen

털이 빠지기 직전의 시기이다. 최초의 징후는 멜라닌 생성이 멈추고 점차 대사과정이 늦어지면서 모모세포의 세포분열이 감소되다가 정지하기에 이른다. 약 2~3주 정도 지속되다가 휴지기에 들어간다.

③ 휴지기telogen

모낭과 모유두가 완전히 분리되면서 털이 본격적으로 빠지는 시기로 약 2~4개월 정도 지속되다가 다시 성장기로 순환한다. 이 시기에 빠지는 모발은 하루에 70~120개 정도이다.

7. 탈모

모발이 본래 자라난 부위에서 없어진 현상을 탈모alopecia라고 하며, 정상범위를 벗어나 비정상적으로 많이 빠져 빈 모공들이 많이 생기게 된다. 한국인은 약 10만여 개의 머리카락을 가지고 있는데 모발 주기로 인해 하루에 걸쳐 자연스럽게 100여 개 내외로 빠지는 것이 정상이다.

따라서, 샴푸할 때나 자고 일어난 다음에 수십 가닥이 한 움큼씩 빠지는 현상은 반드시 의사와 상의해야 한다.

탈모는 남성 호르몬의 일종인 테스토스테론testosterone이 모낭에서 5환원효소5α-reductase와 결합하여 강력한 테스토스테론의 형태인 디하이드로테스토스테론dihydrotestosterone, DHT으로 전환되면 모낭세포가 파괴되면서 모발 성장기가 짧아져 모발이 점차 가늘어진 후 결과적으로 빠지게 된다. 가족력, 스트레스, 임신 등 다양한 요인도 영향을 끼친다.

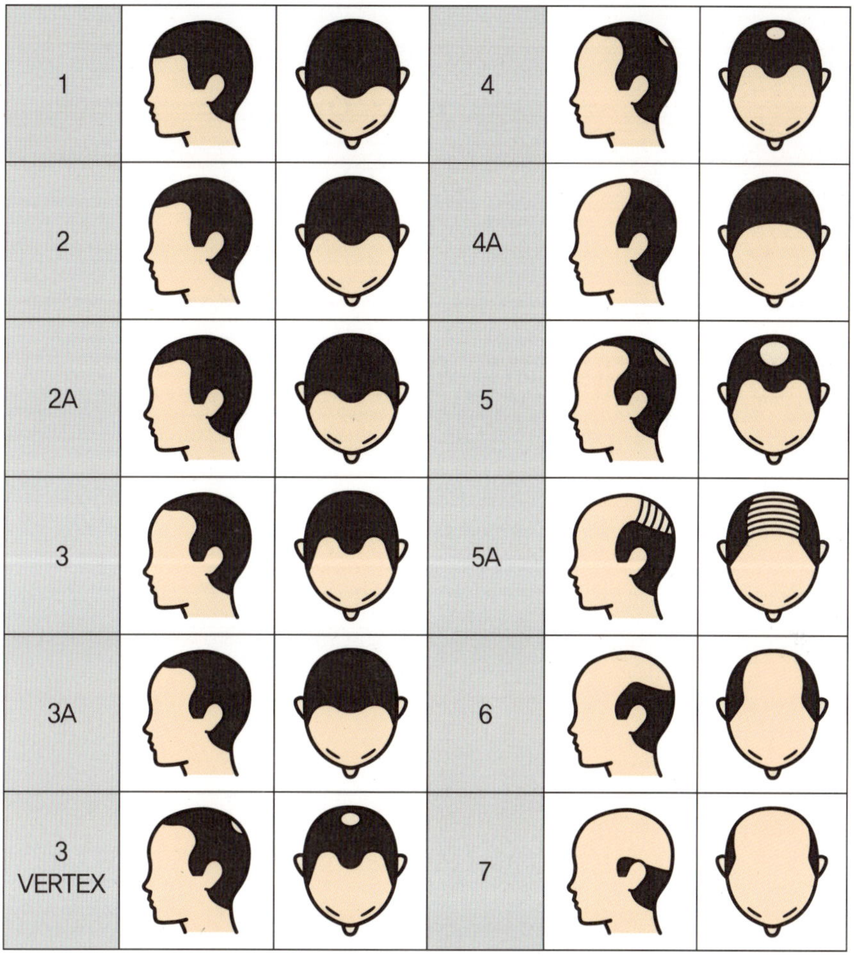

그림 2-13 탈모 형태 및 진행 단계

Chapter 3

화장품 제조 원리 및 기자재

1. 계면활성제의 기능 및 구조

계면이란 기체, 액체, 고체 중 2개의 상이 서로 접할 때 상과 상 사이에 형성되는 경계면을 말한다. 계면활성제는 이 경계면을 완화시켜 섞이지 않는 물과 오일이 만났을 때 표면장력을 낮춰 임시적으로 섞이도록 만들어주는 물질이며, 영구적이지 않고 언제든 각자 본래의 상태로 분리될 수 있다. 이 경우 화장품 산업에서는 안정성의 문제로 대표적인 불량품의 사유가 된다.

대부분의 화장품은 물과 오일이 섞여있는 상태로 존재하므로 계면활성 과학이라고 말할 수 있다. 이는 계면활성제가 지니는 독특한 구조 덕분에 가능한데, 계면활성제 분자 내에 물에 쉽게 용해되는 친수기와 오일에 쉽게 용해되는 친유기가 동시에 존재하기 때문이다.

계면활성제를 이미지로 나타낼 때는 성냥개비 모양과 유사하며, 친수기는 둥근 헤드로, 친유기는 스틱 형태로 표현한다.

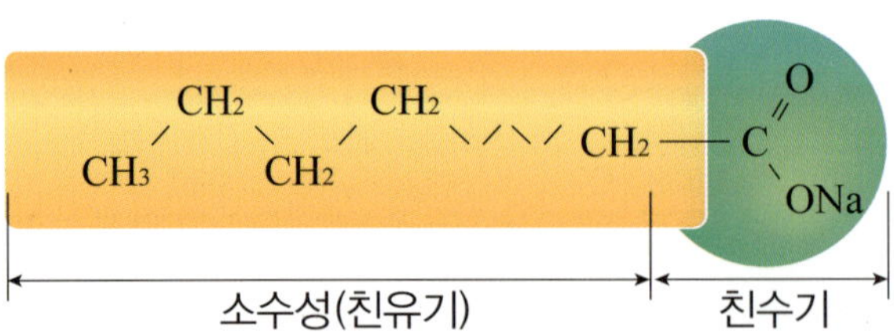

그림 3-1 계면활성제 구조

일정 농도 이상이 되면 계면활성제 분자들은 미셀micelle이라는 구조를 형성하는데, 미셀은 미셀 형성이 시작되는 계면활성제의 농도인 임계미셀농도CMC; critical micelle concentration 이상일 때 형성된다.

미셀이 물에서 형성되면 계면활성제의 친유기는 중심부로 모여들고, 친수기는 물과 접촉하는 바깥 부분에 모여든다.

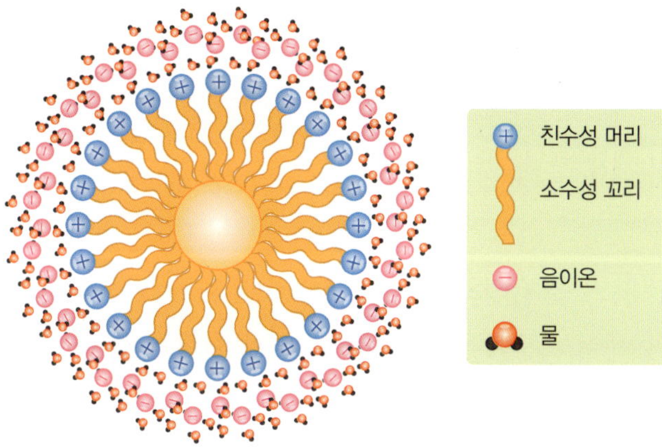

그림 3-2 미셀 구조

2. HLB 및 Required HLB

1. HLB(Hydrophile-Lipophile Balance)

1949년 미국 Atlas Powder Company의 연구원인 윌리엄 그리핀William C. Griffin이 최초로 고안해낸 것으로 계면활성제의 친수성 및 친유성 정도를 구하는 방식이다. 그가 제창한 HLB 스케일에 의하면 HLB 8~18의 계면활성제 사용시 수중유형o/w 에멀션이 생기기 쉽고, HLB 3~6의 계면활성제 사용시 유중수형w/o 에멀션이 생기기 쉽다.

1957년에는 케임브리지대학 화학공학과 교수인 데이비스J.T Davies도 새로운 방법을 통해 HLB를 구하는 공식을 소개했다.

① 그리핀의 HLB 계산법

M_h는 친수성의 분자 질량이며, M은 전체 질량이다. 이 스케일은 0부터 20까지 존재하는데, HLB가 0이면 완전한 친유성소수성이고, HLB가 20이면 완전한 친수성소유성을 뜻한다.

$$\mathrm{HLB} = 20 * M_h/M$$

② 데이비스의 HLB 계산법

데이비스가 고안한 방식은 조금 더 발전하여 계면활성제 친수성의 강하고 약한 정도까지 계산할 수 있게 되었다. m은 친수성기의 수, H_i는 i의 친수성기의 계수, n은 친유성기의 수이다.

$$\mathrm{HLB} = 7 + \sum_{i=1}^{m} H_i - n \times 0.475$$

표 3-1 친수성기와 친유성기의 H 계수

친수성기	H 계수	친유성기	H 계수
$-SO_4^-Na^+$	38.7	$-CH^-$	−0.475
$-COO^-K^+$	21.1	$-CH_2^-$	−0.475
$-COO^-Na^+$	19.1	CH_3^-	−0.475
N (tertiary amine)	9.4	$=CH^-$	−0.475
Ester (sorbitan ring)	6.8		
Ester (free)	2.4		
−COOH	2.1		
Hydroxyl (free)	1.9		
−O−	1.3		
Hydroxyl (sorbitan ring)	0.5		

2. Required HLB(rHLB)

rHLB는 각각의 오일 성분마다 이미 계산하여 부여한 수치로서 HLB처럼 0에서 20까지의 스케일이 있다. 계면활성제의 HLB와 오일 성분 고유의 rHLB를 일치시키면 대체로 안정적인 유화를 기대할 수 있다. 그러나, 유화제의 종류와 사용량, 전체 처방 및 제조 방법 등에 의해 차이를 보일 수 있으므로 참고만 하는 것을 권장한다.

표 3-2 Required HLB

No.	Oils/Lipids	rHLB	No.	Oils/Lipids	rHLB
1	Hydrogenated Vegetable Oil	3−5	31	Wheat Germ (*Trictum vulgare*) Oil	7
2	Dimethicone	5	32	Cyclomethicone	7.5
3	Almond Oil	6	33	Babassu Oil	8
4	Carrot (*Daucus carota* Sativa) Root Extract		34	Brazil Nut Oil	
5	Carrot (*Daucus carota* Sativa) Seed Oil		35	Ceresin	
6	Cocoa (*Theobroma cacao*) Butter		36	Coconut (*Cocos nucifera*) Oil	
7	Jojoba (*Buxus chinensis*) Oil	6	37	Emu Oil	8
8	Retinyl Palmitate		38	Garcinia Indica Seed Butter	
9	Tocopherol		39	Generic Essential Oil	
10	Apricot Kernal Oil	7	40	Mango (*Mangifera indica*) Seed Butter	
11	Avocado (*Persea gratissima*) Oil		41	Myristyl Myristate	
12	Borage (*Borago officinalis*) Seed Oil		42	Safflower (*Carthamus tinctorius*) Oil	
13	Canola Oil		43	Shea Butter (*Butyrospermum parkii*)	
14	Evening Primrose (*Oenothera biennis*) Oil		44	Hybrid Safflower (*Carthamus tinctorius*) Oil	9
15	Grape (*Vitis vinifera*) Seed Oil		45	Anhydrous Lanolin USP	10

No.	Oils/Lipids	rHLB	No.	Oils/Lipids	rHLB
16	Hemp (*Cannabis sativa*) Seed Oil		46	Cetyl Esters	10
17	Kukui (*Aleurites moluccana*) Nut Oil		47	Cetyl Palmitate	
18	Macadamia (*Macadamia ternifolia*) Nut Oil		48	Lanolin	
19	Mango (*Mangifera indica*) Seed Oil		49	Mineral Oil	
20	Olive (*Olea europaea*) Oil		50	Caprylic/Capric Triglyceride	11
21	Petrolatum		51	Isopropyl Myristate	11.5
22	PPG-15 Stearyl Ether		52	Isopropyl Palmitate	
23	Rice (*Oryza sativa*) Bran Oil	7	53	Beeswax	12
24	Rosemary (*Rosmarinus officinalis*) Leaf Extract		54	Carnauba (*Copernicia cerifera*) Wax	
25	Sesame (*Sesamum indicum*) Oil		55	C12-15 Alkyl Benzoate	13
26	Sesame Oil NF		56	Castor (*Ricinus communis*) Oil	14
27	Soybean (*Glycine soja*) Oil		57	Stearic Acid	15
28	Soybean Oil		58	Cetearyl Alcohol	15.5
29	Sunflower (*Helianthus annuus*) Seed Oil		59	Cetyl Alcohol	
30	Sweet Almond (Prunus Amygdalus Dulcis) Oil		60	Stearyl Alcohol	

3. 가용화(solubilization)

가용화란 물에 용해되지 않는 오일 성분이 계면활성제가용화제에 의해 형성된 미셀의 크기1~10nm가 가시광선400~800nm보다 작기 때문에 빛을 투과시켜 내용물 전체를 투명하게 보이는 상태이다. 일반적으로 스킨토너, 앰플, 세럼, 에센스, 향수 등과 같이 투명한 리퀴드 제품에서 향료 성분오일이 가용화되어 있는 경우가 많다.

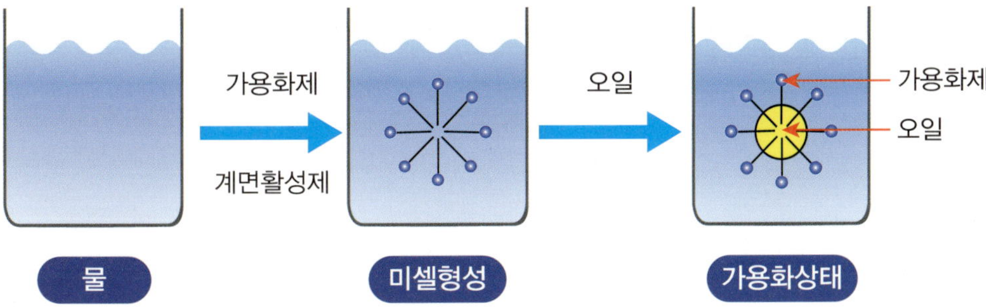

그림 3-3 가용화 원리

4. 유화(emulsion)

유화란 물에 용해되지 않는 오일 성분이 계면활성제유화제에 의해 내용물 전체에 균일하게 퍼져 있으며, 미셀의 크기1000~10000nm가 커서 가시광선이 빛을 투과하지 못하고 산란시켜 우유빛처럼 불투명하게 보이는 상태를 말한다. 이 유화 기법은 대표적으로 2가지 타입이 있다.

① O/Woil-in-water 타입

정제수 베이스에 오일을 부어 만드는 워터 베이스 타입으로 흐르는 물이나 땀에 잘 씻기는 특징을 가지고 있다. 일반적으로 묽은 타입의 기초 화장품인 토너, 에센스, 로션 등에 적용된다.

② W/Owater-in-oil 타입

오일 베이스에 정제수를 부어 만드는 오일 베이스 타입으로 흐르는 물이나 땀에 잘 씻기지 않는 특징을 가지고 있다. 메이크업 제품이나 선스크린, 영양크림 등에 적용된다.

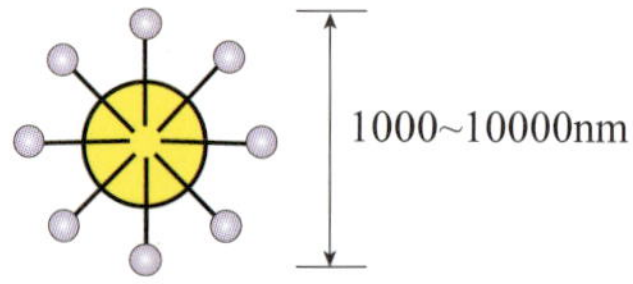

미셀의 크기

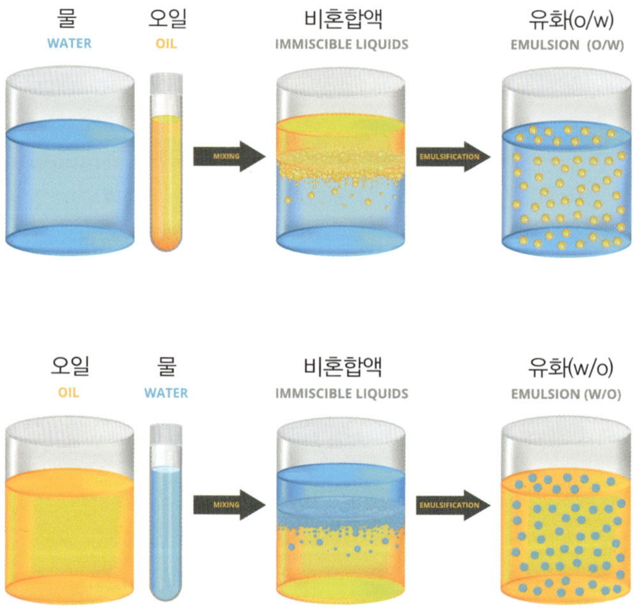

그림 3-4 유화 원리

그림 3-5 유화 작업 중인 연구원

5. 분산(dispersion)

분산이란 고체-고체, 기체-액체, 액체-고체, 고체-기체, 액체-액체 등 다양한 형태로 하나의 상에 다른 상이 미세하게 분포되어 있는 상태를 말하며, 화장품에 적용되는 것은 모두 일종의 분산계라고 할 수 있다. 그러나 화장품에서 사용되는 분산은 고체-액체가 분산된 현탁suspension의 의미로 주로 사용된다.

고체 상태인 안료를 계면활성제분산제 혹은, 물리적인 기계의 힘에 의해 내용물 전체에 고르게 분산시키는 것으로 흔히 파운데이션이나 마스카라, 네일 락카 등과 같이 안료에 의한 커버력과 발색력이 모두 요구되는 제품에 적용한다.

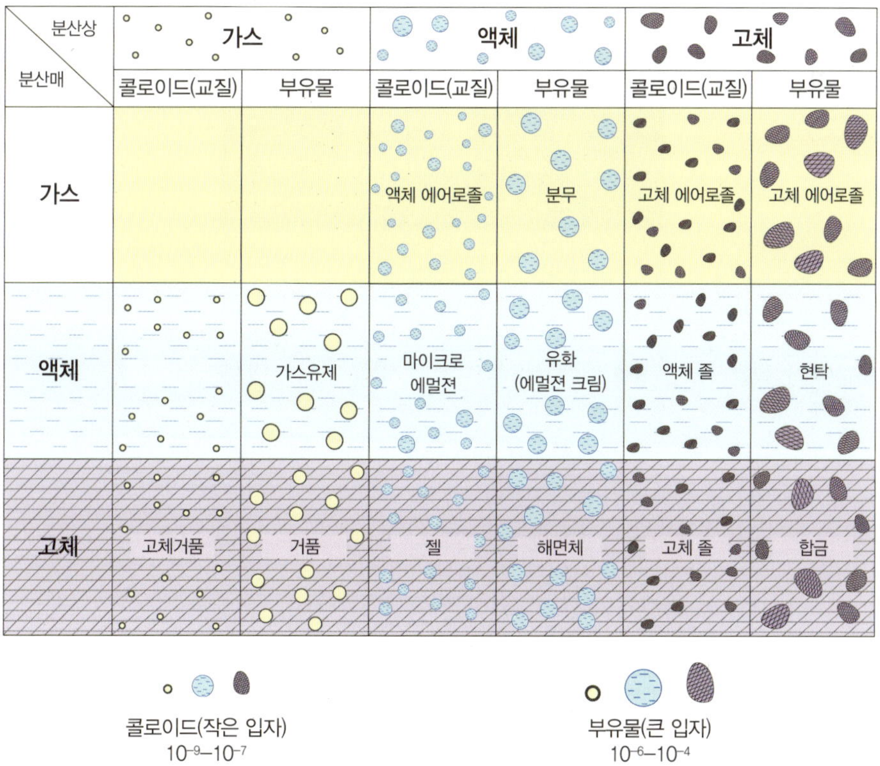

그림 3-6 기체, 액체, 고체의 분산 형태

6. 기자재 종류

① **연구실Lab용 정제수 제조기** : 화장품 제조에 사용되는 물은 일반 수돗물이나 정수기 물을 사용할 수 없고, 반드시 불순물이 완벽하게 제거된 상태의 정제수를 사용하여야 한다. 정제수 제조기는 이온이 첨가되지 않은 pH 5.0~6.0의 정제수를 만들어주는 기기이다. 제조 실습에 사용되는 정제수 제조기와 공장에서 대량으로 만들어주는 정제수 제조기는 그 규모와 설비에 커다란 차이가 있다.

그림 3-7 연구실용 정제수 제조기

② **교반기stirrer** : 화장품 원료 및 내용물을 혼합해 주는 기기이다.

그림 3-8 교반기

③ 유화기homomixer : 유화제로 화장품 내용물을 유화시켜주는 기기이다.

그림 3-9 유화기

④ 핫플레이트hot plate : 필요한 온도만큼 디지털로 설정하여 가열해 주는 기기이다.

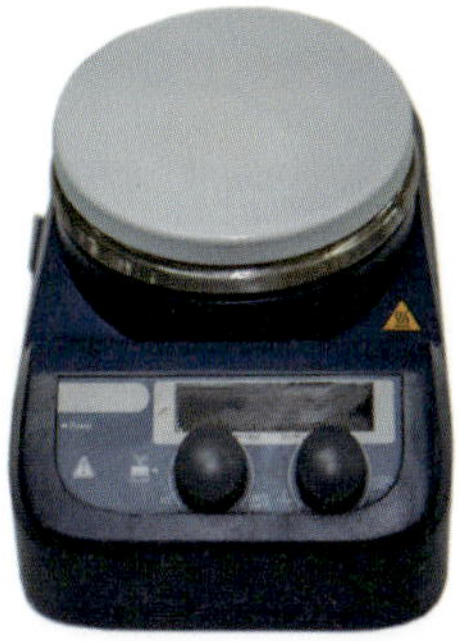

그림 3-10 핫플레이트

⑤ 자외선 살균기uv sterilizer : 제조 실습에 필요한 도구 및 기구에 미생물이 없도록 살균해 주는 기기이다.

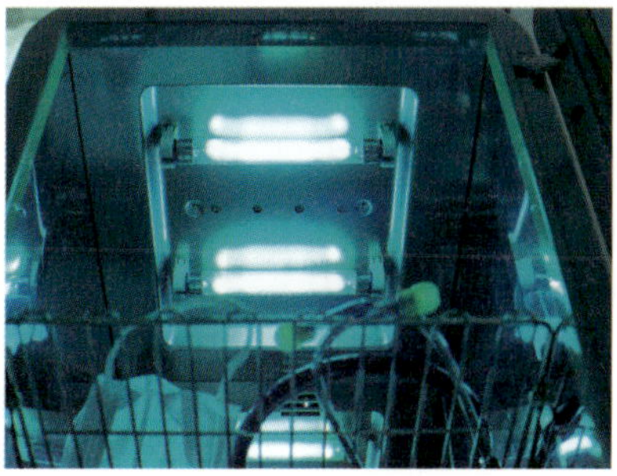

그림 3-11 자외선 살균기

⑥ 비중계hydrometer : 물에 대한 상대밀도를 나타내는 비중을 측정하기 위한 기기이다.

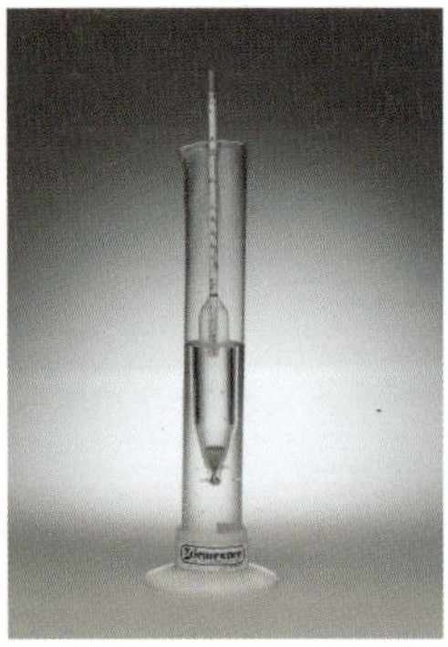

그림 3-12　비중계

⑦ 점도계viscometer : 제조가 완료된 최종 화장품 내용물의 점성을 측정하기 위한 기기이다.

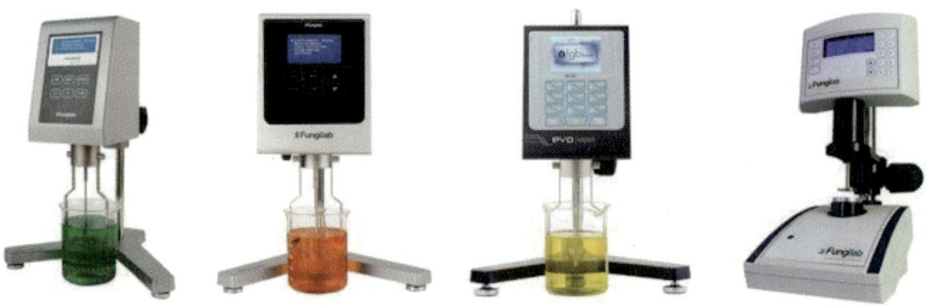

그림 3-13　점도계

⑧ pH 미터pH meter : 화장품 원료 및 내용물의 pH가 산성인지 알칼리성인지를 측정해 주는 기기로 pH 0 ~ 14의 스케일이 있다. 간단한 제조 실습에서는 리트머스 시험지를 활용하여 pH 미터를 대체할 수 있으나 권장하지 않는다.

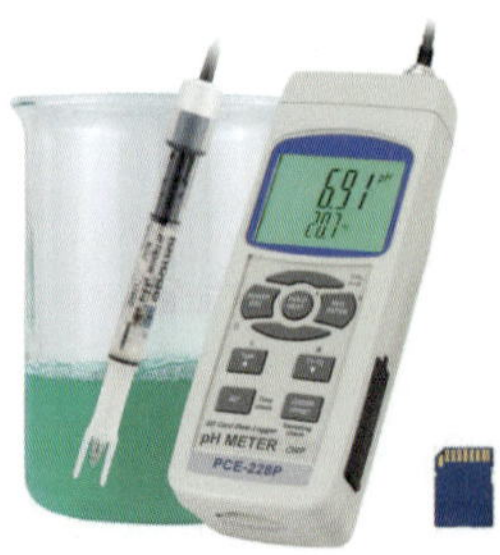

그림 3-14　pH 미터

⑨ **항온수조**water bath : 온도제어장치가 있어서 일정한 온도를 유지할 수 있도록 한 기구로 중탕, 미생물 배양, 화장품 원료 및 내용물의 안정성을 알아보기 위함 등 다양한 용도로 사용되는 장치이다.

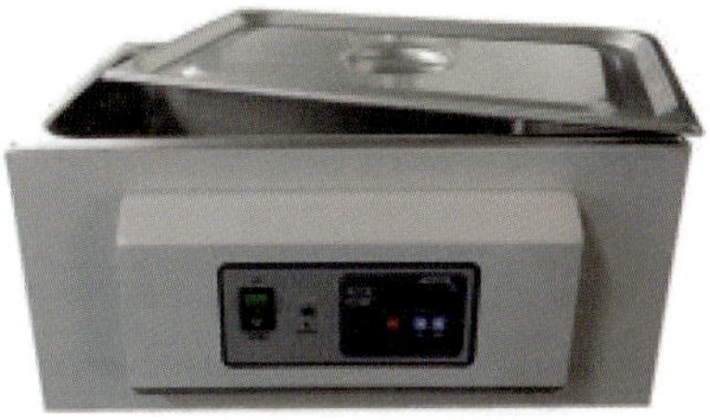

그림 3-15 항온수조

⑩ **마이크로피펫**micropipette : 미량의 액체 부피를 가장 정확하게 채취 후 배출시키기 위한 장치로 0.2~1000㎕까지 마이크로피펫에 따라 용량 설정이 가능하다. 화장품 원료의 정확한 양을 채취하기 위해 필요한 기기이다.

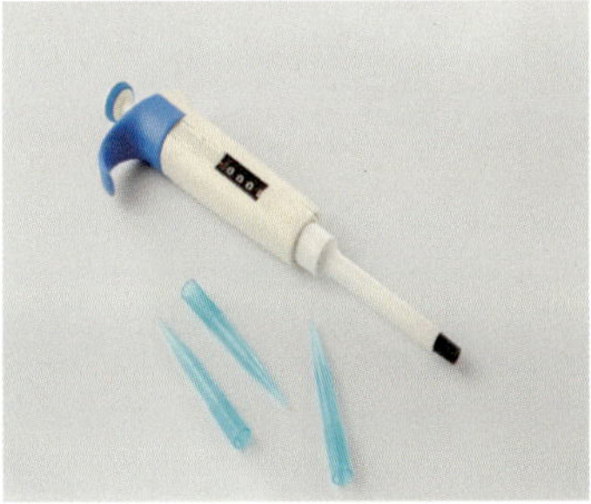

그림 3-16 마이크로피펫

⑪ **전자저울**electronic scale : 디지털로 무게를 계량해 주는 기기이다.

그림 3-17 전자저울

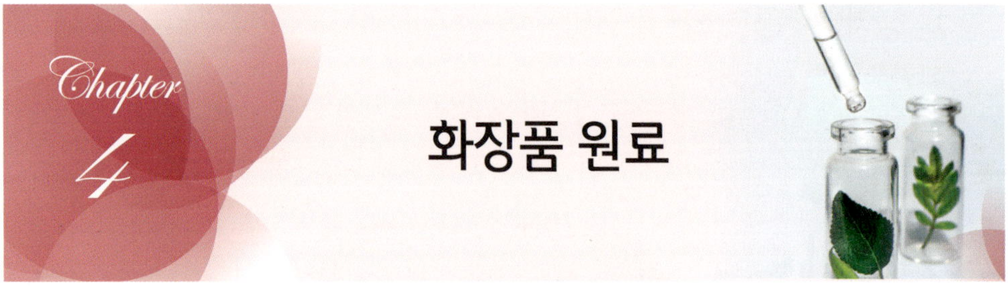

화장품 원료

1. 정제수

화장품에 있어서 정제수는 모든 유형의 제품에 빠짐없이 사용된다. 특수 제조 장치에 의해 100% 순수한 H_2O로 만들어지며, 이때 중금속 및 미생물 등이 제거된다. 만일 금속이온이 완벽히 제거되지 않을 경우 화장품에 사용된 다른 원료와 화학 반응을 일으켜 침전물이 생길 수 있고, 미생물이 제거되지 않을 경우 부패하여 심각한 피부 질환을 초래할 수 있어서 안정성 및 안전성에 큰 영향을 미친다.

정제수는 주로 용매로 사용되어 여러 원료를 용해시키는 역할을 하며, 효과 면에서는 피부를 촉촉하게 만드는 작용도 있다.

그림 4-1 정제수 제조장치

1. 정제수 관리의 필요성

정제수는 수돗물과 다르게 살균 성분이 없어 쉽게 오염될 수 있다. 화장품에 오염된 정제수를 사용하게 되면 피부질환뿐만 아니라 제형의 외관, 향취 등에 물리적 변화를 일으키게 되고 상품으로서 가치가 사라진다. 다른 원료에서 방부처리를 철저히 했다고 하더라도 정제수를 통해 유입된 많은 양의 미생물은 제품 전체의 방부력을 저하시킬 수 있다.

2. 정제수 관리 기준

① 정제수는 상수를 초여과(역삼투, 한외 여과), 이온 교환, 증류 또는 이들의 조합에 의하여 정제한 물이다.

② 정제수는 무색의 맑은 액으로 냄새 및 맛은 없다.

③ 정제수를 만들 때는 세균에 의한 오염에 유의한다.

④ 정제수는 정제한 다음 곧바로 사용한다. 다만, 정제수를 미생물 증식의 억제가 가능한 용기에 넣어 보관할 때에는 일정 기간 보존할 수 있다.

⑤ 정제수는 500,000 Ω·cm 이상(또는 2.0 μS/cm 이하)의 비저항(또는 전도도)을 갖도록 정제되어야 한다.

⑥ 정제수의 총 호기성 세균 수는 100 CFU/mL 이하, 특정 세균(대장균, 녹농균, 황색포도상구균)은 불검출되어야 한다.

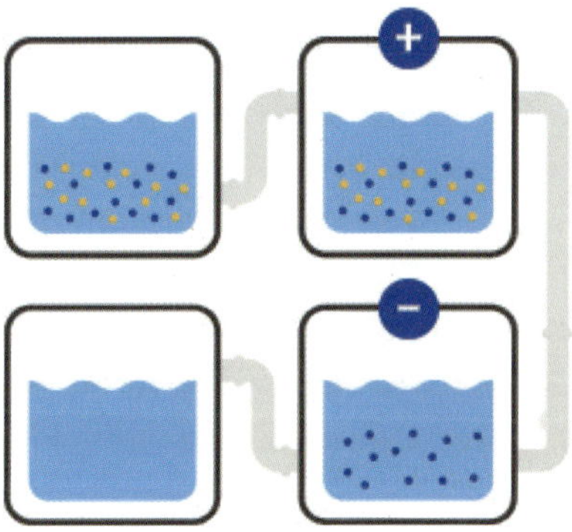

그림 4-2 정제수 제조과정

이온을 모두 제거하는 이온교환수지법 등 다양한 방식을 통해 생산된다.

2. 오일

상온25℃에서 액상의 형태를 가지는 오일은 네 가지 종류가 있다.

(1) 식물성 오일

식물의 잎, 꽃, 열매, 씨앗 등에서 추출하는 것으로 향취가 강하지 않아 매일 사용하기에 문제가 없으나 다른 오일에 비해 상대적으로 피부 흡수도가 느리고 산화되기도 쉽다.

• **종류** : 올리브 오일, 마카다미아 오일, 카놀라 오일, 달맞이꽃 오일, 동백 오일 등

(2) 동물성 오일

동물의 부속물에서 추출하는 것으로 독특하거나 역한 향취가 있어 별도의 정제 과정이 필요하다. 피부친화력이 높아 흡수가 빠르지만 알레르기를 유발할 가능성이 있다.

• **종류** : 마유, 밍크 오일, 에뮤 오일 등

(3) 광물성 오일

석유에서 추출하는 것으로 무색 투명하고, 아무런 향취가 없으며, 비교적 피부친화력도 우수하다. 원료 단가가 저렴하며, 의약품에서도 흔하게 사용된다. 그러나 인체의 지질과 다른 성분이기 때문에 오랫동안 지속적으로 사용할 경우 부작용이 생길 수 있고, 민감성 피부는 피부트러블이 생길 수 있다.

• **종류** : 파라핀, 유동파라핀, 미네랄 오일 등

(4) 합성 오일

식물성, 동물성, 광물성 오일 등의 장단점을 고려하여 고급 지방산과 저급 알코올의 에스테르결합에 의해 화학적으로 합성한 합성에스테르유로 무색 무취, 높은 내수성, 끈적임 없는 사용감, 좋은 퍼짐성 등과 함께 쉽게 부패하지 않는 장점이 있다. 그러나 물보다는 가볍고 오일보다는 무거워 물에도 오일에도 쉽게 섞이지 않아서 환경오염에 영향을 미친다는 단점이 있지만, 이러한 특성으로 워터프루프water proof 형태의 제품들에 많이 사용된다.

• **종류** : 실리콘 오일silicon oil, 사이클로메치콘cyclomethicone, 디메틸폴리실록산dimethyl-polysiloxane 등

그림 4-3 존슨즈 베이비 오일

100% 미네랄 오일이 함유된 베이비 오일이다.

3. 고급 지방산

고급 지방산은 유지를 가수분해 한 후 얻은 물질을 정제해서 사용하며, 일반적으로 R-COOH의 구조를 가진 화합물이다. 고급 지방산은 탄소 6개 이상의 친유기와 카르복실기-COOH를 가지고 있으며, 친유기에 이중결합이 있으면 불포화지방산, 이중결합 없이 단일결합만 있으면 포화지방산이라 한다. 알칼리성인 트리에탄올아민, 수산화칼륨KOH, 수산화나트륨NaOH과 같은 알킬올아민 등과 병용 시 비누를 형성해서 유화제로 쓰인다.

• **종류** : 라우릭 애씨드lauric acid, 미리스틱 애씨드myristic acid, 팔미틱 애씨드palmitic acid 등

4. 고급 알코올

탄소 원자 수가 6개 이상인 알코올로 R-OH의 구조를 가진다. 고급 알코올은 화장품의 점도를 조절하거나 유화보조제로서 유화를 안정화시키기 위한 목적으로 사용된다.

• **종류** : 세틸알코올cetyl alcohol, cetanol, 스테아릴알코올stearyl alcohol, 세토스테아릴알코올cetostearyl alcohol 등

5. 에스테르류

카르복실산R-COOH과 알코올R-OH이 탈수반응에 의해 생성된 물질로 R-COOR'의 구조로 표시되는 화합물이다. 구조와 분자량에 따라 성상이 다르며 유분감을 적게 하여 산뜻한 촉감을 주고, 피부를 보호하며, 점성을 낮추는 역할을 한다. 잘 섞이지 않는 유성원료들의 혼합이나, 유상을 수상에 혼합할 때 쓰인다.

- **종류** : 옥틸도데실미리스테이트octyldodecyl myristate, 세틸에틸헥사노에이트cetyl ethylhexanoate, 아이소프로필미리스테이트isopropyl myristate 등

6. 왁스

고급 지방산과 고급 알코올이 결합된 에스테르 화합물로 넓은 의미에서는 상온에서 고체의 형태를 가지는 유용성 성분이며, 동물이나 식물에게서 추출한 물질을 정제하여 사용한다. 오일보다 피부에 막을 형성하는 능력이 뛰어나고 화장품의 점도를 증가시켜 립스틱, 파운데이션, 스틱밤 등과 같은 화장품의 고형화와 광택을 도와 사용감을 향상시키는 효과가 있다.

왁스는 상온에서 주로 고체의 형태를 띠지만, 예외적으로 호호바 오일은 일반 식물성 오일과 다르게 화학적으로 트리글리세리드triglyceride의 구조를 갖지 않고 왁스의 구조인 고급 지방산과 고급 알코올이 결합된 에스테르 화합물을 가진 액체 왁스라 할 수 있다.

- **식물성 종류** : 카나우바왁스, 칸데릴라왁스, 호호바 오일 등
- **동물성 종류** : 비즈왁스(밀납), 라놀린 등

그림 4-4 비즈왁스

밀납이라고도 하며, 꿀벌의 벌집을 가열압착 여과 또는 정제하여 얻는 물질이다.

7. 계면활성제

계면활성제는 여러가지의 역할이 있다. 피부의 노폐물을 물에 잘 씻기도록 할 때는 세정제, 토너나 에센스처럼 투명한 제형에는 가용화제, 크림과 같이 불투명한 유백색 제형에는 유화제로 쓰이며, 그 밖에 거품촉진제, 분산제, 용제, 용해보존제, 친수제 등의 역할이 있어서 화장품의 제형 및 사용 목적에 따라 그에 맞는 기능을 가진 계면활성제가 사용된다. 또한, 계면활성제는 이온에 따라 네 가지 종류로 나눌 수 있다.

① 양이온 계면활성제cationic surfactant

물 속에서 해리될 때 계면활성제의 헤드 부분이 양이온을 띠는 계면활성제이다. 살균, 소독 및 정전기 발생을 억제하는 능력이 우수하여 헤어린스, 헤어트리트먼트 등에 사용된다. 음이온 계면활성제와 함께 사용하면 불용성 침전물이 만들어지므로 혼용하지 않는다. 질소화합물이 가장 많이 사용되고, 암모늄염이나 아민 유도체를 포함한 성분들이 사용된다. 대표적 성분으로는 벤잘코늄클로라이드benzalkonium chloride가 있다.

② 음이온 계면활성제anionic surfactant

물 속에서 해리화합물이 각각의 분자, 원자, 이온 등으로 나누어지는 현상될 때 계면활성제의 헤드 부분이 음이온을 띠는 계면활성제이다. 세정력과 거품형성능력이 우수하여 주로 비누, 샴푸, 클렌징 폼 등에 사용되고, 대표적으로 소듐라우릴설페이트sodium lauryl sulfate와 소듐라우레스설페이트sodium laureth sulfate 등이 있다. 피부건조, 알러지 및 탈모 유발로 문제가 제기되었지만, 계면활성제 중 가장 오랫동안 다방면으로 사용되고 있다.

③ 양쪽성 계면활성제amphoteric surfactant

동일 분자에 음이온성과 양이온성의 해리를 갖고 있는 계면활성제로, 일정한 등전점isoelectric point이 있다. 피부에 자극이 상대적으로 낮고 세정 능력이 있어 베이비 샴푸나 영유아 화장품에 사용된다. 제품의 pH를 등전점과 비슷한 역에 맞추어야 한다. 대표적으로 코카미도프로필베타인cocamidopropyl betaine, 라우릴베타인lauryl betain 등이 있다.

④ 비이온 계면활성제nonionic surfactant

이온으로 분리되지 않는 계면활성제이다. 피부 자극이 상대적으로 다른 계면활성제에 비하여 가장 적기 때문에 일반적인 화장수나 크림과 같은 스킨케어 제품에 사용된다. 대표적으로 피이지PEG: polyethylene glycol, 폴리소르베이트polysorbate, 세테아릴알코올ce-tearyl alcohol 등이 있다.

8. 보습제

보습제는 흡습성이 높은 수용성 물질로서 화장품의 수상부에 첨가되는 중요한 성분이다. 화장품에 사용되는 보습제로는 다가알코올polyol이 가장 많고, 천연보습인자NMF 또는 각질세포간지질의 주성분, 진피 내의 뮤코다당류 등이 있다.

폴리올은 보습제로서 하이드록시기-OH가 2개 이상 붙어있는 다가알코올로 친수성을 띠어 공기 중의 수분을 끌어당기고, 고체 원료를 녹이는 용매로 사용되며, 부수적으로 외부 세균에 의한 부패를 막는 보존제로서도 기능한다.

천연보습인자NMF는 외부로부터의 수분 증발을 적당히 억제하고 각질의 수분량을 일정하게 유지할 수 있도록 하여 피부건조를 예방하며, 뮤코다당류는 진피 내에서 보습을 담당하며 수분함유율이 높다.

① **다가알코올의 종류** : 글리세롤글리세린, 부틸렌글라이콜, 프로필렌글라이콜, 프로판다이올, 솔비톨, 헥산다이올 등

② **천연보습인자의 종류** : 아미노산, 젖산나트륨, 피롤리돈카르본산염sodium 2-pyrrolidone-5-carboxylate; sodium PCA 등

③ **뮤코다당류의 종류** : 소듐하이알루로네이트, 황산콘드로이친 등

그림 4-5 글리세린

9. 고분자 화합물(polymer)

모든 산업에서 광범위하게 사용되는 폴리머는 짧은 화학성분이 반복적으로 얽히고설켜 길게 늘어진 고분자 화합물을 통칭하며 그 길이에 따라 사용 목적과 사용감이 달라진다. 화장품에서는 점도를 조절하기 위한 목적의 점도증가제나 피부나 모발에 피막을 형성하기 위한 목적의 피막형성제로 사용된다.

- **점도증가제 종류** : 구아검, 카보머(카복시비닐폴리머), 잔탄검, 메틸셀룰로오스 등
- **피막형성제 종류** : 폴리비닐알코올, 나이트로셀룰로오스, 폴리비닐피롤리돈(PVP) 등

그림 4-6 카보머 파우더

10. 향료와 색소

향료는 천연 향료와 인공 향료로 구분되는데 제품 라벨에서 착향제는 모두 향료로 표기가 가능하지만, 라벤더 오일이나 로즈마리 오일과 같은 아로마 에센셜 오일은 향료가 아닌 고유 명칭으로 표기되어 향료로서 기능한다. 향료는 소비자에게 좋은 이미지를 주기 위한 목적과 화장품 원료 특유의 역한 향취를 가리는 마스킹masking의 목적으로도 사용된다.

향료는 알레르기 반응을 유발할 수 있으므로 사용량에 주의해야 하며, 2020년 1월 1일부터 착향제를 구성하는 성분 중 식약처장이 고시한 알레르기 유발 성분 25종의 경우 사용 후 씻어내는 제품에서 0.01% 초과하거나 사용 후 씻어내지 않는 제품에서 0.001% 초과 시 반드시 성분 명으로 기재해야 한다.

표 4-1 착향제 구성 성분 중 알레르기 유발성분

No.	성분 명	No.	성분 명
1	나무이끼추출물	14	아니스에탄올
2	리날룰	15	아밀신나밀알코올
3	리모넨	16	아밀신남알
4	메칠2-옥티노에이트	17	알파-이소메칠이오논
5	벤질벤조에이트	18	유제놀
6	벤질살리실레이트	19	이소유제놀
7	벤질신나메이트	20	제라니올
8	벤질알코올	21	참나무이끼추출물
9	부틸페닐메틸프로피오날	22	쿠마린
10	시트랄	23	파네솔
11	시트로넬롤	24	하이드록시시트로넬알
12	신나밀알코올	25	헥실신남알
13	신남알		

색소는 염료와 안료로 나누어지는데, 염료는 물이나 오일에 녹는 색소로서 제품에 시각적인 효과를 부여하기 위해 주로 스킨케어 제품에 사용되고, 안료는 메이크업 제품과 같이 피부에 흡수되지 않은 채 피부 색을 커버하는 아이섀도우나 파운데이션 등에 사용된다.

11. 보존제

화장품에서 미생물의 성장을 억제하거나 감소시키는 역할을 하는 원료와 물질을 보존제라 한다. 최소 1~2년 동안 용기 안에서만 담겨있는 화장품 내용물은 각종 오염 물질로부터 공격을 받게 된다. 보존제는 곰팡이, 효모, 박테리아로부터 화장품을 보호하는 역할을 하므로 적절한 보존제를 사용하는 것은 매우 중요하다.

1개의 보존제만 사용하는 것보다는 2~3개의 보존제를 혼용하여 사용할 때 시너지 효과를 보이며, 화장품에 사용할 수 있는 보존제는 식약처에서 원료에 따라 사용한도를 지정해 놓았다.

- **종류** : 파라옥시안식향산에스텔파라벤, 페녹시에탄올, 벤질알코올 등

표 4-2 국가별 파라벤 사용량 규제 현황

<table>
<tr><th>구분</th><th>메틸 & 에틸파라벤 및 그 염류</th><th>프로필 & 부틸파라벤 및 그 염류</th><th>소듐아이소프로필파라벤, 소듐아이소부틸파라벤</th><th>그 외 파라벤 및 그 염류</th></tr>
<tr><td>한국</td><td colspan="3">단일성분 0.4%(산으로서), 혼합물 0.8%(산으로서)</td><td rowspan="5">사용 금지</td></tr>
<tr><td>일본</td><td colspan="3">총 함량으로서 1%</td></tr>
<tr><td>중국</td><td rowspan="3">단일성분 0.4%(산으로서), 혼합물 0.8%(산으로서)</td><td rowspan="2">단일성분 0.4%(산으로서), 혼합물 0.8%(산으로서)</td><td rowspan="3">사용 금지</td></tr>
<tr><td>아세안</td></tr>
<tr><td>유럽</td><td>각각의 농도 합이(산으로서) 0,14%</td></tr>
<tr><td>미국</td><td colspan="4">별도의 규제 없음</td></tr>
</table>

미국 FDA 파라벤 관련 질의응답(Parabens in Cosmetics)

(1) 파라벤은 무엇이며, 왜 화장품에 쓰이나요?

[미국 FDA 답변] 파라벤은 화장품에서 흔히 방부제로 사용되는 화학 물질입니다. 보존제는 제품과 소비자를 보호하기 위해 유해한 박테리아와 곰팡이의 성장을 막기 위해 화장품에 사용되죠. 화장품에 쓰이는 대표적인 파라벤들은 메틸파라벤, 프로필파라벤, 부틸파라벤, 에틸파라벤 등이 있습니다.

파라벤은 광범위한 미생물에 대해 화장품을 더 잘 보호하기 위해 다른 유형의 방부제와 혼용되어 첨가하기도 합니다.

(2) 화장품 외에 파라벤이 들어 있는 제품이 또 있나요?

[미국 FDA 답변] 파라벤은 화장품뿐만 아니라 우리가 먹는 음식이나 약에도 사용됩니다. 탈취제와 같은 일부 생활용품에도 파라벤이 들어있습니다. 소비자는 제품 라벨을 보고 피하고 싶은 성분을 포함하고 있는지 쉽게 확인할 수 있습니다.

(3) FDA는 화장품에 방부제 사용을 규제하고 있는가?

[미국 FDA 답변] FDA는 화장품의 방부제에만 적용되는 특별한 규정이 없습니다. 이 법은 화장품의 방부제를 다른 화장품 성분과 동일하게 취급하기 때문입니다. 연방식품의약품화장품법FD&C법에 따르면, 색첨가물을 제외한 화장품과 성분은 시중에 유통되기 전에 별도의 FDA의 승인을 받을 필요가 없습니다. 그러나, 관습적인 방법에 따라 모든 화장품은 소비자가 사용할 때 안전해야 하며, 라벨이 적절하게 부착되어져 있어야 한다는 것은 매우 중요합니다.

(4) 파라벤은 화장품에 쓰이는 만큼 안전한가요? 그것들은 유방암이나 다른 건강 문제와 관련이 있지는 않은가요?

[미국 FDA 답변] FDA에 소속된 과학자들은 파라벤의 안전에 대해 발표된 연구를 계속 검토하고 있습니다. 현재까지는 화장품에 쓰이는 파라벤이 사람의 건강에 영향을 미친다는 것을 보여주는 증거는 밝혀지지 않았습니다. 다음은 FDA가 파라벤에 대해 적극적으로 고려하고 있는 몇 가지 핵심 사항들입니다.

① 출판된 연구에서 파라벤의 발생 가능한 위험과 인간 건강에 대한 영향에 어떤 관련성이 있는가.

② 파라벤을 규제할 경우 발생할 수 있는 위험은 무엇인가. 해로운 박테리아로부터 화장품과 소비자를 보호하기 위해 파라벤 사용을 중단한다면, 방부제를 위한 더 안전한 대안이 존재하는가.

③ 과학적으로 뒷받침된 파라벤 관련 문제가 있다면, 이것이 화장품의 파라벤 사용과 어떤 관련이 있는가.

④ 여러 종류의 파라벤이 우리 몸에서 동일하거나 다르게 작용하는가.

FDA는 이 분야에서 새로운 데이터를 계속해서 평가할 것입니다. 인간의 건강에 위험이 존재한다고 판단되면 업계와 국민에게 알리고, 소비자의 건강과 복지를 보호하기 위해 모든 방법이 검토될 것입니다.

Chapter 5

화장품의 종류

피부는 일상생활 속에서 눈에 보이는 가장 가까운 존재이며, 외부로부터 인체 내부를 보호하기 위해 만들어진 하나의 장벽이다. 사람의 피부는 자연적인 피부보습인자가 있지만 땀과 오염 등의 대사물이 존재하고, 비록 신선한 피지가 분비되어도 장시간 공기 중에 노출되면 산소나 미생물의 영향을 받아 산화될 우려가 있다.

따라서 건강한 피부를 유지하기 위해서는 피부의 오염물질 제거, 유 · 수분공급, 피부보호 등 피부의 건강을 잘 조절시키고 항상성 유지 기능을 도와서 피부를 늘 아름답고 건강하게 유지시켜야 한다.

「화장품법」에 따른 화장품은 총 13가지 유형으로 나뉜다. 그러나 이 챕터에서는 화장품의 제형 및 용도에 따라 크게 기초 화장품화장수, 에센스, 로션 & 크림, 팩 & 마스크, 바디, 색조 화장품메이크업 베이스, 파운데이션, 페이스 파우더, 립 & 볼연지, 방향성 화장품, 기능성 화장품미백, 주름개선, 자외선차단, 염색 및 탈색, 체모 제거, 탈모 완화, 여드름완화, 피부장벽 문제로 인한 가려움증 개선, 튼살 완화, 두발용 화장품세정용, 관리용, 헤어스타일링, 퍼머넌트웨이브으로 나눠 설명하고자 한다.

표 6-1 화장품의 유형 및 종류

화장품의 유형		종류
1	만 3세 이하의 영유아용 제품류	① 영유아용 샴푸, 린스 ② 영유아용 로션, 크림 ③ 영유아용 오일 ④ 영유아 인체 세정용 제품 ⑤ 영유아 목욕용 제품
2	목욕용 제품류	① 목욕용 오일·정제·캡슐 ② 목욕용 소금류 ③ 버블 배스bubble baths ④ 그 밖의 목욕용 제품류

3	인체 세정용 제품류	① 폼 클렌저foam cleanser ② 바디 클렌저body cleanser ③ 액체 비누liquid soaps 및 화장 비누(고체 형태의 세안용 비누) ④ 외음부 세정제 ⑤ 물휴지. 다만, 「위생용품 관리법」(법률 제14837호) 제2조제1호라목2)에서 말하는 「식품위생법」 제36조제1항제3호에 따른 식품접객업의 영업소에서 손을 닦는 용도 등으로 사용할 수 있도록 포장된 물티슈와 「장사 등에 관한 법률」 제29조에 따른 장례식장 또는 「의료법」 제3조에 따른 의료기관 등에서 시체(屍體)를 닦는 용도로 사용되는 물휴지는 제외한다. ⑥ 그 밖의 인체 세정용 제품류
4	눈 화장용 제품류	① 아이브로우 펜슬eyebrow pencil ② 아이라이너eye liner ③ 아이섀도우eye shadow ④ 마스카라mascara ⑤ 아이 메이크업 리무버eye make-up remover ⑥ 그 밖의 눈 화장용 제품류
5	방향용 제품류	① 향수 ② 분말향 ③ 향낭(향주머니) ④ 콜롱cologne ⑤ 그 밖의 방향용 제품류
6	두발 염색용 제품류	① 헤어 틴트hair tints ② 헤어 컬러스프레이hair color sprays ③ 염모제 ④ 탈염·탈색용 제품 ⑤ 그 밖의 두발 염색용 제품류
7	색조 화장용 제품류	① 볼연지 ② 페이스 파우더face powder, 페이스 케이크face cakes ③ 리퀴드liquid ·크림·케이크 파운데이션foundation ④ 메이크업 베이스make-up bases ⑤ 메이크업 픽서티브make-up fixatives ⑥ 립스틱, 립라이너lip liner ⑦ 립글로스lip gloss, 립밤lip balm ⑧ 바디페인팅body painting, 페이스페인팅face painting, 분장용 제품 ⑨ 그 밖의 색조 화장용 제품류

8	두발용 제품류	① 헤어 컨디셔너hair conditioners ② 헤어 토닉hair tonics ③ 헤어 그루밍 에이드hair grooming aids ④ 헤어 크림·로션 ⑤ 헤어 오일 ⑥ 포마드pomade ⑦ 헤어 스프레이·무스·왁스·젤 ⑧ 샴푸, 린스 ⑨ 퍼머넌트 웨이브permanent wave ⑩ 헤어 스트레이트너hair straightner ⑪ 흑채 ⑫ 그 밖의 두발용 제품류
9	손발톱용 제품류	① 베이스코트base coats, 언더코트under coats ② 네일폴리시nail polish, 네일에나멜nail enamel ③ 탑코트top coats ④ 네일 크림·로션·에센스 ⑤ 네일폴리시·네일에나멜 리무버 ⑥ 그 밖의 손발톱용 제품류
10	면도용 제품류	⑦ 애프터셰이브 로션aftershave lotions ⑧ 남성용 면도용 파우더 ⑨ 프리셰이브 로션 preshave lotions ⑩ 셰이빙 크림 shaving cream ⑪ 셰이빙 폼shaving foam ⑫ 그 밖의 면도용 제품류
11	기초화장용 제품류	① 수렴·유연·영양 화장수face lotions ② 마사지 크림 ③ 에센스, 오일 ④ 파우더 ⑤ 바디 제품 ⑥ 팩, 마스크 ⑦ 눈 주위 제품 ⑧ 로션, 크림 ⑨ 손·발의 피부연화 제품 ⑩ 클렌징 워터, 클렌징 오일, 클렌징 로션, 클렌징 크림 등 메이크업 리무버 ⑪ 그 밖의 기초화장용 제품류

12	체취 방지용 제품류	① 데오드란트 ② 그 밖의 체취 방지용 제품류
13	체모 제거용 제품류	① 제모제 ② 제모왁스 ③ 그 밖의 체모 제거용 제품류

1. 기초 화장품

기초 화장품은 피부의 청결, 보호 및 건강을 유지시키 위해 사용되는 제품, 즉 피부가 정상적으로 기능을 수행할 수 있도록 도와주는 제품을 말하며, 기초 화장품을 사용하는 목적과 역할은 각각 크게 다섯 가지로 볼 수 있다.

(1) 기초 화장품의 사용 목적

① 첫째, 피부 표면의 더러움이나 메이크업 잔여물 등을 제거하여 피부를 청결히 한다.

② 둘째, 피부의 pH를 정상적인 상태로 돌려준다.

③ 셋째, 유분과 수분을 공급하여 피부결을 정돈해 준다.

④ 넷째, 피부의 신진대사를 촉진한다.

⑤ 다섯째, 유해한 환경 인자(자외선, 미생물, 먼지, 공해 등)로부터 피부를 보호한다.

(2) 기초 화장품의 역할

① 첫째, 피부 본래가 갖는 기능을 정상으로 작용시킨다.

② 둘째, 항상성 유지 기능을 갖도록 한다.

③ 셋째, 기본 기능으로는 세정, 청결, 건조방지, 보습, 탄력의 기능을 갖고 있다.

④ 넷째, 특수 기능으로는 미백, 주름 예방, 자외선 차단, 여드름 방지, 아토피 개선, 비듬 방지 등의 기능을 갖는다.

⑤ 다섯째, 적절한 사용법이 필요하며 사용 순서, 계절, 생활 환경, 연령, 피부 타입, 기호, 장소, 시간, 목적 등이 종합적으로 고려되어야 한다.

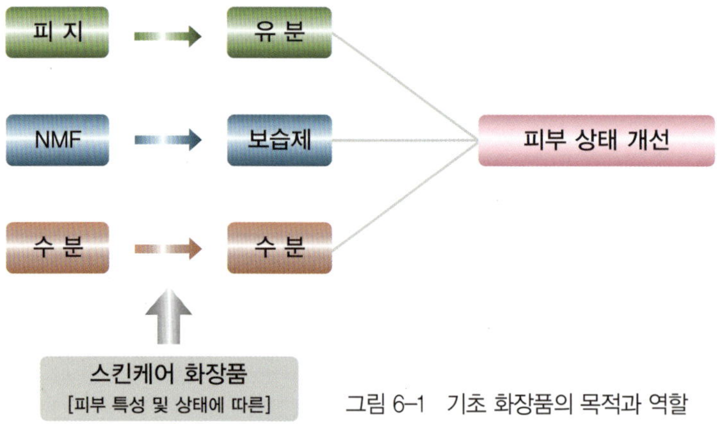

그림 6-1　기초 화장품의 목적과 역할

그림 6-2　기초 화장품

1. 클렌징 제품류

클렌징 화장품은 화장의 첫 단계에 사용되며, 피부에서 분비되는 땀과 피지, 먼지, 각질, 메이크업 잔여물 등을 제거할 목적으로 사용된다.

세정제에 요구되는 성능은 세정효과, 부드러운 사용감, 헹굼효과, 간편함을 볼 수 있으며, 세정성의 향상을 위해서는 계면화학적 접근 즉, 계면장력 저하를 목적으로 계면활성제, 거품, 오일 등이 이용된다. 세정에 중요한 조건은 씻어야 할 대상물피부표면층, 피부 표면층에 붙어있는 오염물, 세정에 사용되는 제제, 세정방법 등으로 제거해 내는 것이다. 건강하고 아름다운 피부를 실현하기 위하여 세정제를 바르게 선정하고, 올바르게 사용하여야 한다.

화장품법에서 메이크업을 지우는 용도로 사용되고 닦아내는 타입의 클렌징류는 기초 화장용 제품류에 속하지만, 씻어내는 타입의 클렌징류는 인체 세정용 제품류에 속한다.

(1) 클렌징 화장품의 유형별 특징

1) 닦아내는용제형 타입-1차 세안제기초화장용 제품류

① 클렌징 워터

- 화장수 타입으로 화장솜에 적셔 사용한다.
- 가벼운 메이크업 제거에 적합하다.
- 일상생활의 먼지, 미세먼지 등 클렌징에 효과적이다.
- 두꺼운 메이크업에 제거효과가 떨어지므로 다른 클렌징 제품과 병행하여 사용한다.
- 유분 함량이 적어 민감 피부 및 지성 피부에 적합하다.

② 클렌징 로션

- o/w형 에멀젼으로 산뜻한 사용감을 가진다.
- 가벼운 메이크업 제거 시 사용된다.
- 클렌징 크림에 비해 세정력의 효과는 부족하다.
- 클렌징 크림에 비해 유분의 함량이 낮아 지성 피부 및 민감 피부에 사용이 용이하다.

③ 클렌징 오일

- 역 가용화 제형이다.
- 사용 후 유연효과가 우수하다.
- 두꺼운 메이크업과 피부 노폐물까지 클렌징이 용이하다.
- 오일 성분으로 건성 피부 및 노화 피부 타입에 사용이 용이하다.

④ 클렌징 크림

- w/o형 에멀젼으로 유분의 함량이 높다.
- 진한 메이크업 제거에 효과적이다.
- 피부의 표면에 부착된 오염물질 제거에 효과적이다.
- 유분 함량이 높아 건성 및 노화 피부에 사용이 용이하다.

⑤ 클렌징 젤

- 수성 젤 타입으로 산뜻한 사용감을 가진다.

- 다른 클렌징 제제에 비해 차가운 성질을 가진다.
- 수성 고분자 젤 타입으로 클렌징 효과는 약하다.
- 차가운 성질의 타입으로 피부가 붉거나 민감피부에 사용이 용이하다.

⑥ 클렌징 리무버

- 주로 수성과 유성 성분이 분리되어 있는 게 특징이다.
- 사용 시 흔들어 화장솜에 적셔 사용한다.
- 포인트 메이크업 제거 시 용이하다.

2) 씻어내는계면활성제형 타입-2차 세안제인체 세정용 제품류

① 클렌징 비누

- 대표적인 전신용 세정제로 사용이 간편하다.
- 사용 후 피부의 당김이 느껴진다.
- 피부가 건조한 느낌으로 건성 또는 민감 피부에 적합하지 않다.

② 클렌징 폼

- 거품 생성이 우수하며, 사용이 간편하다.
- 보습 및 유연효과를 가지고 있다.
- 거품 및 보습효과로 건성 및 민감 피부 타입에 사용이 용이하다.

③ 클렌징 젤

- 모발, 바디, 얼굴용 세정제로 많이 이용된다.
- 알칼리성 베이스는 세정력이 우수하다.
- 세정력이 우수하여 두꺼운 화장 및 지성 피부에 사용이 우수하다.
- 약산성 베이스는 세정력이 약하다.

④ 클렌징 스크럽

- 클렌징 제품에 미세 알갱이 모양의 스크럽제가 함유된 제품이다.
- 미세 알갱이 스크럽제는 피부 표면 및 모공 속 오래된 각질 제거효과를 가진다.
- 세정효과가 우수하다.
- 각질 제거 시 러빙 작용으로 미세순환 촉진 기능을 가진다.
- 미세 알갱이가 피부를 자극할 수 있어 민감 피부 및 약한 피부에는 적합하지 않다.

(2) 클렌징 화장품 사용

① 피부 유형에 적합한 클렌징 제품을 선택하여 세안한다.

② 메이크업의 두께에 따라 이중세안을 한다.

③ 피부에 자극을 주의하고, 손에 거품을 충분히 내어 세안한다.

④ 클렌징제가 피부 표면에 남아 잇지 않게 깨끗이 헹구어 낸다.

(3) 세정제의 주요 원리 및 성분

① 세정제의 작용 원리

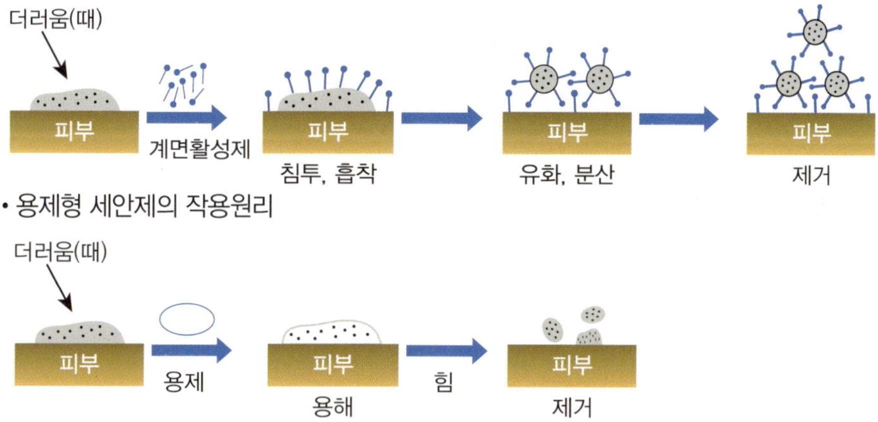

그림 6-3　세안제 작용 원리

② 세정제의 성분

표 6-2　세정제의 구성 성분 및 대표적 원료

구성 성분	대표적 원료
고급 지방산	스테아린산, 라우린산, 팔미틴산, 올레인산, 이소스테아린산, 12-하이드록시스테아린산, 팜유, 야자유, 우지 등
중화제	수산화나트륨, 트리에탄올아민, 수산화칼륨 등
계면활성제	모노스테아린산글리세린, POE 소르비탄지방에스터, POE 올레일알코올에테르, POE 소르비탄모노에스터, POE 경화피바자유에스터 등
유분유연제	탄화수소류, 식물유(올리브유, 호호바유, 마카다미아너트유), 에스터유, 스쿠알란, 라놀린, 고급지방산 등
보습제	글리세린, 프로필렌글리콜, 부틸렌글리콜, 폴리에틸렌글리콜 글리세린, 디프로필렌글리콜, 솔비톨, 말티톨, 히알루론산, 콜라겐, 엘라스틴, 피롤리돈카르본산나트륨, 아미노산, 당류 등

방부제	페녹시에탄올, 파라옥시안식향산에스더 등
점증제	셀룰로오스 유도체, 잔탄검, 젤라틴, 폴리아크릴산나트륨, 알긴산나트륨, 퀸스씨검 등
스크럽제	살구씨 분말, 나이론 분말, 폴리 에틸렌 분말 등
킬레이트제	EDTA 및 염, 헥사메타인산 소다 등
기타	색소, 향료, 산화방지제, 첨가제 등

③ 친수성 원료 예시

D.I. water de-ionized water	정제수
1.3 B.G	보습제
Carbopol Ultrez-21 2%	점증제
TEA triethanolamine	염기

④ 친유성 원료 예시

LP 70	광물유(석유)
TIO	합성 오일
Dermofeel BGC	
Beeswax	왁스
Arlacel 165 glyceryl monostearate+PEG-100 stearate	보조계면활성제
Stearic acid	세정성, 보조유화제
Cetanol cetylalchol+stearylalcohol	왁스(점증)
DC-245	실리콘 오일
Montanov-L	주계면활성제
MP/PP 메틸파라옥시안식향산에스텔	방부제
향	향료

2. 화장수

화장수는 일반적으로 투명한 액상 화장품이며 세안 후 알칼리성으로 일시적인 변화를 가져온 피부의 pH를 중화buffer solution하여 pH 밸런스를 약 pH 4.5~6.5로 유지시키도록 한다.

각질층에 수분과 보습성분을 공급하여 모이스처 밸런스moisture balance가 적당해지도록 한다. 또한 신체를 청결히 하고 유연, 수렴, 세정 등의 기능으로 피부를 건강하게 유지하는데 목적이 있다.

화장수는 물과 오일처럼 물에 녹지 않는 물질들을 가용화하여 열역학적으로 안정화시켜 외관을 투명 액상으로 만드는 것으로 가용화의 주 대상은 소량의 유상성분 및 향이며, 이를 가용화 시키기 위해 가용화 계면활성제가 들어간다. 그러나 유상성분이나 향이 들어가지 않으면 계면활성제가 들어가지 않는 경우도 있다. 화장수는 또 다른 명칭으로 스킨, 토너, 토닉 로션이라고 불린다.

(1) 화장수 종류 및 기능

① 유연 화장수

- 각질층에 수분, 보습 성분을 제공한다.
- 피부를 유연하게 하고 촉촉하고 매끄러운 피부를 유지시켜준다.
- 피부 표면의 pH 5.5 ~ 6.5 정도로 조절한다.
- 건성 피부 및 노화 피부에 사용이 용이하다.

② 수렴 화장수

피부 상에 존재하는 모공 및 땀구멍에 작용해 일시적으로 긴축시켜 준다.

- 과잉의 피지지방질나 땀 등의 분비를 억제하는 작용을 한다.
- 수렴작용에는 수렴제가 단백질 응고를 통한 화학적 수렴 작용을 한다다량의 알코올.
- 피부 온도 저하를 통한 물리적 수렴 작용을 한다.
- 에탄올 함량은 많고, 산뜻하고, 청량감을 준다.
- 아스트린젠트라고도 불리며, 여드름 피부 및 지성피부에 적합하다.

③ 세정용 화장수

- 피부에 부착된 더러움이나 간단한 메이크업을 제거한다.
- 정제수 외 양친매성 알코올, 다가알코올비이온성, 계면활성제가 배합된다.

(2) 화장수 화장품 사용

- 세안 후 피부 유형에 맞는 화장수를 선택한다.
- 화장수를 솜에 묻혀 닦아내듯 사용한다.
- 리스트형 화장수를 이용하여 피부 표면에 뿌려 피부를 정돈한다.
- 여드름 및 지성은 화장솜을 이용하여 닦아내는 타입이 용이하다.
- 피부가 민감하거나, 붉은기가 있어 예민한 피부는 리스트형 화장수가 용이하다.
- 예민한 피부는 에탄올 함량이 적고, 진정 성분이 첨가된 화장수를 선택한다.

(3) 화장수의 주요 원리 및 성분

① 화장수의 작용 원리

화장수는 대부분 물에 아주 소량의 오일을 넣기 때문에 가용화제를 이용하며, 이때 미셀의 크기는 가시광선보다 파장의 크기가 낮은 1~10nm로 빛이 투과되어 외관상 투명하게 보인다.

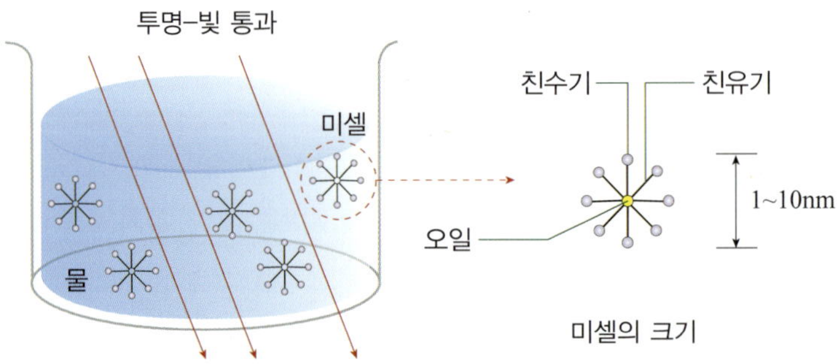

그림 6-4 가용화

② 화장수의 주요 성분

구성 성분	대표적 성분	기능	첨가량
용제	정제수	각 성분 용해	30~70%
	에탄올, 이소프로필 알코올	각 성분 용해 및 청량감	0~30%
보습제	글리세린, 프로필렌글리콜, 부틸렌글리콜, 폴리에틸렌글리콜, 디프로필렌글리콜, 솔비톨, 말티톨, 히알루론산, 당류 등	보습	20% 이하
유연제	유분, 고급 알코올, 에스터유 등	보습 및 피부 유연화	적당량
	KOH, 트리에탄올아민 등		
점증제	퀸스씨검, 잔탄검, 펙틴, 카르복시비닐폴리머 등	점도 조절	
계면활성제 가용화제	주로 비이온 계면활성제(PEG-40 하이드로제네이티드캐스터 오일, PEG-60 하이드로제네이티드캐스터 오일)	가용화	2.5% 이하
보존제	페녹시에탄올, 파라옥시안식향산에스터, 파라벤류, 벤잘코늄클로라이드 등	보존 및 살균	적당량
향료	적합한 향	향	1% 이하
염료	허가 색소	색상	적당량
퇴색방지제	금속이온봉쇄제, 자외선 흡수제	산화 및 변색 방지	적당량
기타 성분	설포석탄산아연 등	수렴	적당량
	완충제	제품의 pH 조절	적당량
	비타민, 아미노산 유도체 등	항산화, 피부장벽 강화 등	적당량

3. 에센스 화장품

에센스는 '농축'이라는 의미를 지닌 제품으로 각종 유효성분을 많이 함유하고 있는 것이 특징이다. 화장품 명칭으로 앰플, 컨센트레이트, 세럼 등으로도 불린다.

화장수 및 로션 등과는 다른 산뜻한 느낌으로 주요 기능은 보습, 보호, 영양공급 및 기능성 화장품 제형으로 널리 이용되고 있다.

(1) 에센스 화장품 종류 및 기능

투명한 젤상의 가용화 타입과 불투명한 로션 및 오일 타입 등 형태에 따른 여러 종류가 있다.

형태	제조	특징
투명, 반투명젤상 타입	가용화, 리포좀, 마이크로 에멀젼 등	보습제 다량 함유 고분자 점증제 점성부여
유화 타입	O/W, W/O, W/O/W	유용성 성분 및 효능성분 함유 보습제 다량 함유
오일 타입	–	호호바, 올리브 등 천연 오일 사용 번들거린다
2제 혼합 타입	Spray Dry, Capsule, Freeze Dry	약제 및 제제의 안정화를 위해 분무건조 및 동결건조 이용

(2) 에센스 화장품 사용

① 사용 목적 및 기능에 맞는 에센스 화장품을 선택하여 사용한다.

② 피부 유형에 적합한 에센스 화장품을 선택하여 사용한다.

③ 세안 후 화장수 사용 후 소량을 얼굴에 펴 바른다.

④ 로션의 종류에 따라 메이크업 제거용으로도 사용한다.

(3) 에센스 화장품의 주요 구성 성분

구성 성분	대표적 원료
보습제	글리세린, 부틸렌글라이콜, 프로필렌글라이콜, 디프로필렌글라이콜 등
알코올	에탄올
점증제	카르복시비닐폴리머, 셀룰로오스, 잔탄검, 카라기난, 카보머 등
계면활성제	모노스테아린산글리세린, POE 올레일알코올에테르, POE 소르비탄모노에스터, POE 소르비탄지방에스터, POE 경화피마자유에스터 등
유연제	탄화수소류, 에스터유, 스쿠알란, 라놀린, 고급 지방산 올리브유, 호호바유 등
유효성분	미백 : 닥나무추출물, 비타민 C, 알부틴 등 세포재생 : 비타민류, 판토테닐에틸에테르, 호르몬류, 펩타이드 등
산화방지제	토코페롤아세테이트, 플라보노이드, 폴리페놀류, 아미노산류, 코엔자임 Q−10 등
자외선방지	글리세릴 파바, 드로메트리졸, 벤조페논계, 옥틸디메칠파바 등
소염	알란토인 등
살균	트리크로산, 벤조일퍼옥사이드 등
알칼리	수산화칼륨, 수산화나트륨, 트리에탄올아민, Arginine 등
방부제	페녹시에탄올, 파라옥시안식향산에스터 등
킬레이트제	EDTA 및 염, 헥사메타인산 소다 등
기타	향료, 색소, 완충제 등

4. 로션

로션은 화장수와 크림의 중간적 성격으로 유분량이 적고 유동성이 있는 에멀젼 제형이며, 피부의 밸런스를 유지하는데 중요한 수분, 보습제, 유분을 공급하여 피부의 수분 및 유연 기능을 가지는 가볍고 산뜻한 느낌의 화장품이다.

로션은 물과 오일 같이 서로 섞이지 않는 액체의 분산계를 이용한 것이며, 에멀젼 또는 유탁액이라고 한다.

열역학적으로 불안정한 상태이기 때문에 안정화를 유지하기 위한 기본 3가지 제조 과정이 필요하다.

① 유화입자를 조밀하게 한다.

② 내·외상의 비중차를 작게 한다.

③ 외상의 점도를 높인다.

(1) 로션 종류 및 기능

로션의 종류	목적 및 기능	유화형태
에몰리언트	피부 보습, 유연	O/W 타입
마사지	피부 혈액 촉진 및 유연	O/W 타입
클렌징	피부 세정 및 메이크업 제거	O/W 타입
선, 선 프로텍트	자외선 차단	W/O 타입
각질연화	각질유연	W/O 타입
메이크업	메이크업 베이스	O/W 타입
바디, 핸드	바디, 핸드 보습 및 유연	O/W 타입

(2) 로션 사용

① 피부 유형에 적합한 로션을 선택하여 사용한다.

② 세안 후 피부의 모이스처 밸런스를 유지할 수 있도록 사용한다.

③ 로션의 종류에 따라 메이크업 제거용으로도 사용한다.

(3) 로션의 형태별 분류

<table>
<tr><th>유화형태</th><th>유화제</th><th>유분량%</th><th>로션의 종류</th></tr>
<tr><td rowspan="6">O/W 형</td><td>비누(고급 지방산 비누)</td><td rowspan="2">3~30</td><td rowspan="2">에몰리언트
선 프로텍트
핸드</td></tr>
<tr><td>비누+비이온 계면활성제</td></tr>
<tr><td>비이온 계면활성제</td><td>10~50</td><td>클렌징, 에몰리언트</td></tr>
<tr><td>수용성 고분자(고분자 유화)</td><td>10~40</td><td>마사지
에몰리언트</td></tr>
<tr><td>단백질 계면활성제(단백질 유화)</td><td>10~40</td><td>에몰리언트</td></tr>
<tr><td rowspan="2">W/O 형</td><td>비이온 계면활성제</td><td rowspan="2">30~50</td><td rowspan="2">마사지
에몰리언트</td></tr>
<tr><td>유기변성 점토 광물</td></tr>
<tr><td>W/O/W 형</td><td rowspan="2">비이온 계면활성제</td><td rowspan="2">–</td><td rowspan="2">다상 에멀젼</td></tr>
<tr><td>O/W/O 형</td></tr>
</table>

(4) 로션의 주요 성분

① 유상 원료

구성 성분	대표적 원료
탄화수소계통	스쿠알란, 미네랄 오일, 바세린, 고형파라핀 등
유지류	올리브유, 아몬드유, 카카오버터, 아보카도유, 피마자 오일, 해바라기유, 달맞이꽃유, 합성 트리글리세라이드유 등
왁스	비즈왁스, 라놀린왁스, 카나바우왁스, 칸델릴라왁스, 호호바유 등
지방산	스테아린산, 올레인산, 미리스틱산, 팔미트산 등
고급 알코올	세틸알코올, 스테아릴알코올, 베헤닐알코올, 헥사데실알코올, 옥틸도데실 알코올콜레스테롤 등

② 수상 원료

구성 성분	대표적 원료
보습제	글리세린, 부틸렌글라이콜, 프로필렌글라이콜, 디프로필렌글라이콜 등
수용성 고분자	펙틴, 셀룰로오스, 잔탄검, 카라기난, 카보머 등
알코올/정제수	에탄올, 이소프로필 알코올 이온교환수

③ 계면활성제 및 기타 성분

구성 성분	대표적 원료
유화제 (계면활성제)	글리세릴스테아레이트, 소르비탄지방에스터, PEG계통 유화제 등
알칼리	수산화칼륨, 수산화나트륨, 트리에탄올아민, Arginine 등
방부제	페녹시에탄올, 파라옥시안식향산에스더 등
산화방지제	BHT, 토코페롤아세테이트 등
킬레이트제	EDTA 및 염, 헥사메타인산 소다 등
버퍼 및 기능성	구연산, 구연산나트륨, 젖산, 젖산나트륨 등 비타민류, 자외선흡수제, 아미노산, 미백제 등

5. 크림 화장품

크림은 화장수와 함께 오래전부터 널리 쓰인 스킨케어 화장품으로 로션처럼 물과 오일이 서로 혼합된 에멀전의 일종이다.

크림은 반고형상으로 로션과 비교하여 안정성이 높고, 유분, 보습제, 수분 등을 매우 큰 비율로 배합할 수 있다. 일반적으로 피부의 수분, 유분, 보습제를 공급하여 피부의 유연 기능을 가지며, 크림의 사용 목적에 따라 에몰리언트크림, 보습크림, 마사지크림, 클렌징크림, 선크림, 아이크림 등 사용에 따라 종류가 다양하다.

(1) 크림 화장품 종류 및 기능

크림의 종류	목적 및 기능
에몰리언트	피부 보습, 유연
마사지	피부 혈액 촉진 및 유연
클렌징	피부 세정 및 메이크업 제거
선, 선 프로텍트	자외선 차단
각질연화 크림	각질유연
아이크림	주름
바디크림, 핸드크림	바디, 핸드
데오드란트크림	착취, 착색

(2) 크림의 형태별 분류

유화형태	유화제	유분량%	제품
O/W 형	고급지방산비누 비누+비이온 계면활성제 비이온 계면활성제 비즈왁스+붕사+ 비이온 계면활성제 단백질 계면활성제 (단백질 유화)	10~30	에몰리언트크림 선프로텍트크림 핸드크림
		30~50	클렌징크림(중성) 에몰리언트크림(중성) 메이크업크림(중성)
		50~85	마사지크림 에몰리언트크림
W/O 형	비이온 계면활성제 비누+비이온 계면활성제 유기변성 점토 광물 아미노산 +비이온 계면활성제	20~50	선크림 에몰리언트크림
		50~80	마사지크림 콜드크림 클렌징크림
W/O/W 형	친수성비이온 계면활성제+ 친유성비이온 계면활성제	5~30	에몰리언트크림
O/W/O 형	친수성비이온 계면활성제+ 친유성비이온 계면활성제 유기변성 점토 광물	10~50	에몰리언트크림

(3) 크림 화장품 사용

① 피부 유형에 적합한 크림 화장품(W/O, O/W, W/O/W, O/W/O)을 선택하여 사용한다.

② 사용 목적에 따라 모이스춰 크림, 에몰리언트크림, 기능성 크림, 마사지크림, 클렌징크림, 베이스크림 등을 사용한다.

③ 사용 부위에 따라 아이크림, 선크림, 핸드크림, 데오드란트크림 등을 사용한다.

④ 사용시간에 따라 데이크림, 나이트크림을 사용한다.

(4) 크림의 주요 성분

구성 성분	분류	대표 원료
유상성분	고급 지방산	스테아린산, 라우린산, 팔미틴산, 올레인산, 이소스테아린산, 12-하이드록시 스테아린산, 팜유, 야자유, 우지 등
	왁스	비즈왁스, 라놀린왁스, 카나바우왁스, 칸델릴라왁스, 호호바유 등
	유분(유연제)	올리브유, 호호바유, 마카다미아너트유, 피마자유, 아보카도유, 해바라기유, 달맞이꽃유, 합성 트리글리세라이드유 등
	고급 알코올	세틸알코올, 스테아릴알코올, 베헤닐알코올, 헥사데실알코올, 옥틸도데실알코올콜레스테롤 등
수상성분	보습제	글리세린, 프로필렌글리콜, 부틸렌글리콜, 폴리에틸렌글리콜 글리세린, 디프로필렌글리콜, 솔비톨, 만니톨, 히알루론산, 콜라겐, 엘라스틴, 아미노산, 당류 등
	점증제	셀룰로오스, 팩틴, 잔탄검, 카라기난, 카보머 등
	알코올/정제수	에탄올, 이온교환수
유화제 계면활성제	비이온성	모노스테아린산글리세린, POE 소르비탄지방에스터, POE 올레일알코올에테르, POE 소르비탄모노에스터, POE 경화피마자유에스터 등
기타 성분	방부제	파라벤류, 소르빈산, 핵산디올 등
	중화제	수산화나트륨, 트리에탄올아민, 수산화칼륨 등
	킬레이트제	EDTA 및 염, 헥사메타인산 소다 등
	기타	색소, 향료, 산화방지제, 첨가제 등

6. 팩 및 마스크 화장품

팩pack은 싸다, Package에서 유래되었으며, 유럽에서는 마스크mask라고도 한다. 팩 및 마스크 화장품이란 피부를 보호하고 진정하기 위한 아주 오래전부터 스킨케어 화장품으로 적당한 두께로 피부에 도포하여 일정시간 동안 방치한 후 떼어내거나 씻어내는 제품이다. 최근에는 떼어 내거나 씻어내지 않고 바르고 자는 수면 팩 제품도 출시되었으며 세 가지 기능을 가진다.

① 보습작용

피막형성제에 의해 피부 내부로부터 올라오는 수분을 외부로 나가지 못하게 차단하고, 외부로부터 공기를 차단하여 피부에 수분을 머물게 하고 보습제 성분이 피부에 보다 잘 흡수되도록 한다. 이로 인해 보습은 물론 피부가 유연해지는 효과를 가진다.

② 피부 신진대사 촉진작용

팩 및 마스크의 특성으로 피막형성제와 분말에 의해 피부 위에서 건조되고, 건조되는 과정에서 피부를 긴장시키고 온도를 높여 혈행의 촉진 효과를 가진다.

③ 청정 작용

팩 및 마스크의 흡착작용은 피부 표면의 피지 및 오염 물질을 제거해 청결하고 매끄러운 피부결을 갖는 효과를 가진다. 또한 필 오프 타입은 각질 제거 기능으로 피부의 수화를 돕는다.

(1) 팩 · 마스크의 종류 및 기능

타입	형태	특징
Peel-off	젤상 페이스트상	• 투명 또는 반투명 젤상으로 도포 후 일정시간이 지나 건조되면 투명한 피막이 형성된다. • 건조되는 동안 피부의 긴장감으로 피부에 탄력감을 부여한다. • 피막 제거 시 피부 오염물 및 각질 제거 효과가 있다.
Wash-off	젤상 점토상 크림상	• 수용성 고분자가 함유되었다(젤상). • 머드팩이라 불리우며 크림상의 제품에 점토성분인 진흙 및 고령토가 30% 정도 배합된다. • 얼굴에 도포 후 일정 시간 경과 후 물로 씻어낸다.
Wipe-off	크림상	• 얼굴에 도포 후 일정 시간이 지나면 티슈로 닦아내거나 물로 씻어낸다. • 부드러운 사용감과 우수한 보습 효과로 민감한 피부에 적합하다.
Patch	부직포	• 부직포에 보습 성분을 함유한 보습액을 적신 부직포 타입의 마스크 타입이다. • 일정 시간이 지나면 떼어내는 제품으로 피부의 보습 효과가 우수하다.
powder	분말상	• 분말상의 석고를 물에 개어 바르는 제품이다. • 석고 성분인 황산칼슘의 발열 반응으로 피부의 혈행을 촉진시킨다.

(2) 팩 · 마스크 화장품 사용

① 피부타입에 따라 팩·마스크 제품을 사용한다.(건성 : 크림, 젤, 파우더 등/정상 : 크림, 젤, 파우더, 팩 등/민감성 : 젤, 크림/지성 : 크림, 클레이크림/노화 : 크림, 파우더 등)

② 팩·마스크의 도포 시 보습 성분의 앰플 및 에센스 베이스는 영양 흡수에 효과적이다.

③ 팩·마스크 제품을 도포 후 일정 시간을 준수한다.

④ 팩·마스크 제거 시 자극에 주의하고, 너무 건조시키지 않는다.

(3) 팩 · 마스크 제품의 주요 성분

구성 성분	대표적 원료
고급 지방산	스테아린산, 라우린산, 팔미틴산, 올레인산, 이소스테아린산, 12-하이드록시 스테아린산, 팜유, 야자유, 우지 등
정제수	이온교환수
알코올	에탄올
보습제	글리세린, 프로필렌글리콜, 부틸렌글리콜, 폴리에틸렌글리콜 글리세린, 디프로필렌글리콜, 솔비톨, 히알루론산, 콜라겐, 엘라스틴, 아미노산, 당류, 뮤코다당류 등
피막제 점증제	폴리비닐알코올, 폴리비닐피롤리돈, 셀룰로오스, 잔탄검, 팩틴, 젤라틴, 퀸스씨드검, 알긴산나트륨 등
유분 유연제	올리브유, 호호바유, 마카다미아너트유, 에스터유, 스쿠알란, 라놀린, 고급 지방산 등
분말	카올린, 탈크, 마이카, 산화티탄, 산화아연, 구상셀룰로오스 등
색소	허가색소, 무기안료 등
약제	미백 : 비타민 C 유도체, 알부틴 등 재생 : 비타민류, 식물성 추출물 등 소염 : 알란토인, 감초 등
방부제	페녹시 에탄올, 파라벤류
계면활성제	POE 올레일알코올에테르, POE 소르비탄모노에스터
완충제	구연산, 구연산나트륨, 유산, 유산나트륨, 아미노산류

7. 바디 화장품

바디 화장품이란 얼굴과 모발을 제외한 인체의 모든 부위를 대상으로 하는 화장품을 말한다. 화장품의 사용부위를 신체 부분으로 나누어 보면 바디가 가장 넓은 부분이다. 또한 바디는 각 부위마다 생리현상이 특징적이며, 부위별 목적에 맞는 다양한 바디 화장품이 있다.

화장품법에서 분류한 바디 관련 화장품에는 조금씩 차이가 있다. 바디 제품에 속하는 보습제, 태닝제, 손 · 발의 피부연화 제품, 슬리밍 제품 등은 기초화장용 제품류이다. 그러나 바디 클렌저는 인체 세정용 제품류에 속하고, 데오드란트처럼 방취용 화장품은 체취 방지용 화장품류에 속하며, 바스 솔트, 바스 오일, 버블 배스 등은 목욕용 제품류에 속한다.

바디 화장품을 사용하는 목적은 다음과 같다.

① 외부의 환경이나 피부 자체에서 분비되는 분비물, 때 등을 닦아 내어 피부를 청결하게 한다.

② 피부의 pH를 정상 수치로 되돌려준다.

③ 피부유형에 맞게 유분과 수분을 공급하여 촉촉함을 유지시킨다.

④ 피부표면에 건조함을 막고 피부에 보습을 유지시켜 가려움이나 당김을 예방한다.

⑤ 피부의 순환을 돕고 신진대사를 촉진시킨다.

⑥ 생활환경에서 미치는 미세먼지, 자외선, 미생물, 공해로부터 피부를 보호한다.

(1) 바디 화장품의 종류 및 기능

① 보습제트리트먼트

- 기능 : 세정 후 건조한 피부에 수분과 영양을 공급하는 기능을 가진다.
- 종류 : 로션, 에멀젼, 크림, 핸드크림, 풋크림, 유연크림, 각질연화크림
- 주요 성분 : 탄화수소류, 유지류, 왁스, 지방산, 고급 알코올, 보습제, 유화제, 알칼리, 방부제, 산화방지제, 킬레이트제, 기타 첨가제로션 및 크림 화장품 원료 참조

② 일소방지제

- 기능 : UV-A, UV-B로부터 자외선을 차단하고 피부를 보호하는 기능 및 자외선 UV-B에 의한 피부의 홍반을 일으키지 않게 하고, 자외선으로부터 피부를 태우지 않으며, 균일하고 아름다운 갈색 피부를 만드는 기능을 가진다.
- 종류 : 자외선차단 화장품, 선탠 화장품, 셀프 탠닝 화장품, 애프터 선케어 화장품
- 주요 성분 : 벤조페논, 파라아미노안식향산, 메톡시계피산, 살리실산 유도체, 우로카닌산 등

③ 슬리밍 화장품

- 기능 : 신체의 몸매, 비만, 부종, 탄력, 순환, 셀룰라이트 등 아름답고 건강한 몸매관리를 위한 기능을 가진다.
- 종류 : 부종완화크림, 탄력크림, 셀룰라이트 관리크림, 순환크림, 발열크림 등
- 주요 성분 : 하이드록시시트릭산, 카르니틴, 다이어트 서플리먼트, 카페인, 캡사이신, 카테킨, 캄퍼 등

④ 인체 세정용 제품류바디 클렌저, 비누 등 및 목욕용 제품류바스 오일, 바스 솔트, 버블 배스 등

- 기능 : 피부 표면의 오염을 제거하여 항상 청결을 유지하는 기능을 가진다.
- 종류 : 비누, 바디 샴푸, 스크럽세정, 바스 오일, 바스 솔트 등
- 주요 성분 : 포화지방산라우린산, 미리스틴산, 팔미틴산, 스테아린산, 불포화지방산올레인산, 리놀산, 유지류야자유, 팜핵유, 팜유 등, 기포제지방산비누, 알킬황산염, 알킬에테르황산염, a-올레핀설폰산염, N-아실메틸타우린염, 아실산코신염 등, 비이온 계면활성제지방산 알카놀아미드, 아민옥사이드, 알킬글루코시드, 알킬하이드록시멀티클레테르도 등, 양쪽성 계면활성제알킬베타인, 이미다졸리늄베타인 등, 안정화제, 방부제, 향료, 염료, 기타 첨가제

⑤ 방취용 화장품

- 기능 : 수렴작용 성분으로 땀을 억제하고, 불결한 체취를 방지하고 세균의 활동을 억제하는 기능을 가진다.
- 종류 : 데오드란트 로션, 파우더, 스프레이, 스틱액제, 에어로졸제, 연고제, 분산제, 고형분말, 스틱상 등

• 주요 성분 : 수렴제 파라페놀설폰산화연, 구연산, 알루미늄, 지르코늄염, 항균제 트리크로산, 염화벤잘코늄, 염화벤제트니움, 염산클로로헥시딘, 글루콘산클로로헥시딘, 하로칼반 등, 체취억제제 저급지방산아연염, 향료 등

(2) 바디 화장품 사용

① 피부 유형별로 바디 화장품을 분류한다.

- 몸매의 클렌징을 위해서 바디 워시를 선택한다.
- 각질 관리를 위해서 바디 스크럽을 선택한다.
- 몸매의 영양을 위해서 바디 트리트먼트제를 선택한다.

② 피부 유형에 맞는 몸매의 클렌징 제품을 위생적으로 사용한다.

- 몸매의 클렌징을 위해 바디 워시를 사용하고자 하는 부위의 넓이에 따라서 적정량을 덜어 손으로 충분히 거품을 내어 가볍게 문지른다.
- 해면을 이용해 클렌징을 닦아낸다.
- 온습포를 이용하여 다시 한 번 클렌징을 닦아준다.

③ 피부 유형에 맞는 몸매의 딥클렌저 제품을 위생적으로 사용한다.

- 몸매의 각질 관리를 위해 바디 스크럽을 사용하고자 하는 부위의 넓이에 맞게 적당량을 덜어 손이나 붓을 이용하여 도포한다.
- 도포된 바디 스크럽을 피부의 두께와 각질의 상태를 고려하여 손바닥으로 러빙한다.
- 바디 스크럽 사용 시 피부가 민감하게 반응하는지 살피며 러빙한다.
- 해면을 이용해 바디 스크럽제의 잔여물을 닦아낸다.
- 온습포를 이용하여 다시 한 번 바디 스크럽제의 잔여물이 피부 표면에 남지 않도록 닦아준다.
- 바디 스크럽 후 토닉을 이용해 몸매 피부를 정돈한다.

④ 피부 유형에 맞는 몸매의 트리트먼트제를 위생적으로 사용한다.

- 몸매 피부에 영양 공급을 위해 준비된 바디 트리트먼트제를 선택하여 사용 부위 넓이에 맞게 스파출라를 이용하여 적당량을 덜어 손으로 발라준다.
- 사용된 바디 화장품은 뚜껑을 닫아 밀폐시키고 직사광선을 피해 위생적이고 안전하게 보관한다.

⑤ 피부 유형별로 사용되는 바디 화장품의 특성을 고객에게 설명한다.

가. 건성 피부 고객의 바디 화장품

- 상담 후 작성된 고객 차트를 통해 고객의 몸매 피부 유형을 파악 후 몸매 유형에 맞는 제품을 선택한다.
- 선택된 클렌징의 목적을 설명하며 피부 유형에 따른 주의사항 등도 고객에게 알려준다.
- 너무 잦은 몸매 세정, 뜨거운 물을 이용한 샤워 등을 주의하도록 한다.
- 선택된 바디 스크럽의 사용 시 목적을 설명하며 피부 유형에 따른 주의사항 등도 고객에게 알려준다.
- 한 곳을 잦은 횟수로 문지르는 행위 등을 주의하도록 한다.
- 선택된 바디 트리트먼트제의 사용 시 목적과 효과를 설명하여 준다.

나. 지성 피부 고객의 바디 화장품

- 상담 후 작성된 고객 차트를 통해 고객의 몸매 피부 유형을 파악 후 몸매 유형에 맞는 제품을 선택한다.
- 선택된 클렌징의 목적을 설명하며 피부 유형에 따른 주의사항 등도 고객에게 알려준다.
- 선택된 바디 스크럽의 사용 시 목적을 설명하며 피부 유형에 따른 바디 스크럽제의 횟수 등을 달리 사용하여 모공 청정 효과를 줄 수 있으며, 각질 관리를 실시하여 여드름의 유발 등을 방지할 수 있음을 고객에게 설명한다.
- 지성 피부 유형에 맞는 보습제 역할을 하는 바디 트리트먼트제를 사용하여야 함을 설명한다.

2. 색조 화장품

색조 화장품이란 용모를 아름답게 연출 또는 보호의 기능을 가진 화장품을 말한다. 색조 화장품은 크게 3가지 목적을 가진다. 아름답게 보이려는 '미적 역할', 피부를 보호하는 '보호적 역할', 마음에 만족감을 주는 '심리적 역할'로 화장을 하는 것에 즐거움을 가진다.

일반적으로 색조 화장품은 색소를 사용한 화장품을 말하지만, 화장품법에서는 색조 화장품을 색조 화장용 제품류와 눈 화장용 제품류로 분리하였다. 화장품 안전기준 등에 관한 규정에서 사용상의 제한이 필요한 원료 또는 사용할 수 없는 원료 중 눈 주위에만 사용 금지 또는 사용 한도를 정해놓은 성분들이 있어서 눈 화장용 제품류를 제조할 때에는 특히 이 규정을 잘 숙지해야 한다.

(1) 색조 화장품의 역할 및 구분

얼굴색을 보정하는 베이스 메이크업 종류로 메이크업 베이스, 파운데이션, 파우더 등으로 구분된다. 얼굴 또는 신체의 각 부분에 색상을 부여하는 포인트 메이크업 종류로는 아이 메이크업, 립 메이크업, 네일 메이크업 등으로 구분된다.

(2) 색조 화장품 종류 및 기능

① 볼연지치크 메이크업

종류	기능
볼연지	• '치크 컬러' 또는 '볼 터치'라고도 불림 • 얼굴의 윤곽 수정과 입체감 부여

② 파우더

- 피부색을 조정 및 밝게 한다.
- 땀이나 피지를 억제하고, 화장 지속을 좋게 한다.
- 자외선으로부터 피부를 보호한다.
- **사용** : 퍼프를 이용하여 피부에 밀착시켜 가볍게 누르는 방법과 브러시를 이용하여 원을 그리듯 바르는 방법이 있다.

종류	기능
투명 파우더	• 파운데이션 색상을 유지하여 피부색을 깨끗하게 마무리해 준다.
컬러 파우더	• 그린 : 붉은 기 얼굴에 사용한다. • 핑크 : 창백한 얼굴에 혈색을 부여한다. • 퍼플 : 피부 톤이 칙칙하거나 화려한 분위기를 연출할 때 사용한다. • 오렌지 : 건강한 피부나 태닝한 피부 표현 시 사용한다.
펄 파우더	• 화려한 이미지나 도자기 피부 연출 시 사용하며 하이라이트 효과가 있다.

③ 파운데이션

- 피부색을 목적에 맞게 연출한다.
- 피부의 기미, 주근깨 등 결점을 커버 및 보완한다.
- 피부에 광택 및 탄력, 투명감을 표현한다.
- 피부의 건조, 먼지, 자외선으로부터 피부를 보호한다.
- 사용 : 메이크업 베이스 후 소량을 스펀지로 얼굴 전체에 두드리듯 펴 바른다.

종류	기능
리퀴드 파운데이션	• 유분보다 수분 함량이 가장 많아 촉촉하며 투명감이 있다. • 피부 친화력과 밀착감은 우수하나 커버력과 지속력은 약하다. • 잡티 없는 피부, 건성 피부, 자연스러운 메이크업 시 적합하다.
크림 파운데이션	• 수분보다 유분 함량이 많아 유분 보호막을 형성한다. • 리퀴드 파운데이션보다 커버력이 우수하다. • 건성 피부, 겨울철 사용에 적합하며, 지성 피부는 피한다.
스틱 파운데이션	• 커버력과 지속력이 우수하여 피부 결점을 효과적으로 감춘다. • 무대 분장용, 신부 메이크업에 적합하다.
케이크 파운데이션	• 스펀지를 물에 적셔 바르는 수용성 파운데이션이다. • 방수성과 지속성, 밀착감이 우수하다. • 무대 분장, 패션쇼 메이크업에 적합하다.
파우더 파운데이션	• 파운데이션과 파우더가 하나로 결합된 제품이다. • 자외선 차단제가 함유되어 여름철 신속한 화장 시 적합하다.
컨실러 파운데이션	• 색소가 많이 함유된 커버링 파운데이션이다. • 피부 결점(점, 기미, 흉터, 주름 등) 커버 또는 눈 밑과 입가를 밝게 해주는 피부 톤 조절 효과가 있다.

④ 메이크업 베이스

- 피부색을 조절하고, 보정한다.
- 파운데이션의 밀착력을 증가시켜 화장의 지속력을 높인다.
- 파운데이션 및 포인트 메이크업으로부터 피부 보호 기능을 가진다.
- 사용 : 기초 화장품화장수-에센스-크림 사용 후 파운데이션 전 단계로 스펀지를 사용하여 얼굴 전체에 펴 바른다.

색상	피부 유형	색상	피부 유형
그린	여드름 및 잡티 피부	보라	노란 빛을 내는 피부 (피부톤을 밝게 해줌)
핑크	혈색 없는 밝은 피부 (화사한 피부 표현)	블루	붉은 얼굴 (하얀 피부 표현)
오렌지	어두운 피부 표현 시 사용	베이지	자연스러운 피부 표현, 거칠고 건조한 피부

⑤ 립 메이크업

- 입술에 색을 주어 얼굴을 돋보이게 한다.
- 입술의 건조나 자외선으로부터 피부를 보호한다.

종류	기능
립스틱	입술에 색상과 윤기를 부여
립글로즈	보습, 펄감 및 광택의 기능
립틴트	입술에 자연스럽게 표현
립밤	입술의 피막을 형성하여 입술의 건조나 보호기능 입술에 영양 및 탄력 기능
립라이너	입술 선을 선명하게 하고, 립스틱 번짐 방지

⑥ 눈 화장용 제품류

종류	기능
아이브로우 펜슬	눈썹 모양을 조정하여 눈매 강조
아이라이너	속눈썹을 뚜렷하게 하여 눈의 윤곽 강조
마스카라	속눈썹을 길고 짙어 보이게 함
아이섀도우	눈꺼풀의 입체감과 눈매 표정을 연출하여 단점 보완

(3) 색조 화장품의 구성 원료

색조 화장품은 기제와 안료를 주요 원료로 한다. 기제는 안료를 분산시키는 목적으로 유성원료, 수성원료, 계면활성제, 알코올 등이 대표적이고 안료로는 백색안료, 착색안료, 펄안료가 대표적이다. 안료에는 무기안료와 유기안료로 나뉘며 적절한 비율로 혼합하여 사용된다.

종류		원료
체질안료		탈크, 카올린, 마이카, 세리사이트, 탄산칼슘, 탄산마그네슘, 무수규산, 황산바륨 등
착색안료	유 기	(합성) 식품, 의약품 및 화장품용 타르색소 (천연) ß-카로틴, 칼사민, 칼민, 크로로필 등
	무 기	벤가라, 황산화철, 흑산화철, 군청, 감청, 산화크롬, 카본블랙 등
백색안료		산화티탄, 아연화
펄 안료		어린박, 옥시염화비스무스, 운모티탄, 산화철처리운모티탄 등
기 타	금속비누	스테아린산 Mg, Ca, Al염, 미리스틴산 쿠염 등
	합성고분자분말	나일론 파우더, 폴리에틸렌분말, 폴리메타크릴산 메틸 등
	천연물	울 파우더, 셀룰로오스 파우더, 실크 파우더, 전분 등
	금속분말	알루미늄 분말 등

(4) 색조 화장품 사용

1) 색조 화장품 수행순서

① 피부 유형별 색조 화장품을 준비한다.

② 피부, 부위별 색조 화장품을 준비한다.

③ 손을 위생적으로 소독한다.

④ 선택한 색조 화장품을 위생적으로 사용한다.

⑤ 화장도구는 중성세제로 깨끗하게 씻은 후 건조시켜 사용한다.

⑥ 피부 톤을 고려하여 메이크업 베이스를 선택한다.

⑦ 피부 유형과 피부 결점을 고려하여 파운데이션을 선택한다.

⑧ 눈매를 또렷하게 보이기 위해 아이라이너, 마스카라를 선택한다.

⑨ 아이섀도우와 컬러 조화가 맞는 립스틱, 립라이너를 선택한다.

⑩ 컬러 조화를 고려하여 블러셔의 색상을 선택한다.

2) 색조 화장품 사용 시 주의사항

① 파운데이션의 경우 턱과 목 사이에 경계선이 생기지 않도록 피부색과 유사한 색을 선택하여 잘 펴 발라 준다.

② 아이섀도우는 피부색보다 1~2톤 어두운 색으로, 하이라이트 컬러는 1~2톤 밝은 색을 선택하여 입체감을 준다.

③ 화장 도구(퍼프, 브러시, 아이섀도우 팁 등)는 정기적으로 미지근한 물에 중성 세제로 깨끗이 세탁한 후 완전히 건조시켜서 항상 청결한 상태로 사용한다.

④ 손에 덜었던 제품의 내용물을 다시 용기 안에 넣지 않는다.

⑤ 직사광선을 피해 서늘한 곳에 보관한다.

3. 두발 화장품

두발용 화장품은 두피 및 두발에 부착된 오염을 제거하고, 모발을 청결하게 하며, 모발의 형태를 변화하여 스타일링할 수 있는 기능을 가진 제품을 말한다.

두피는 피부의 생리기능과 같다고 볼 수 있다. 각질과 피지, 땀을 생성하고 두발은 외부로부터 두피를 보호하는 기능을 가지기 때문에 건강한 두피 및 모발을 위하여 세정 및 관리하여야 한다.

두발 화장품으로는 두피의 세정 기능을 가진 샴푸, 모발을 유연하게 하는 린스, 두발을 건강하고 청정하게 가꾸어 주는 에센스와 헤어토닉, 모발의 형태를 변화시키는 퍼머제 등 다양한 제품이 있다. 모발의 색상을 변화시키는 염모 및 탈모제, 탈모완화제, 체모제거제 등은 기능성 화장품에 속한다.

1. 두피의 유형

두피의 유형은 피지 분비나 각질 상태, 두피색상, 탄력 등에 따라 나누어진다.

(1) 정상 두피의 특성

① 모공이 깨끗한 상태로 두피 톤 자체가 청백색의 우윳빛을 띤다.

② 1개의 모공에 2 ~ 3개의 모발이 건강하게 자란다.

③ 두피의 보습 상태가 적절하여 표면에 윤기가 난다.

(2) 건성 두피의 특성

① 피지 분비가 원활하지 못해 각질이나 비듬이 생긴다.

② 건조하여 모발에 정전기가 잘 일어난다.

③ 쉽게 염증이 생기고 두피가 가렵고 따갑다.

④ 예민한 두피로 전환될 가능성이 있다.

(3) 지성 두피

① 과다한 피지로 물이 고여 있는 듯 촉촉한 상태로 투명감이 없어 둔탁해 보인다.

② 모공 주변은 피지가 산화되는 과정에서 변화된 색깔로 약간 황색을 띤다.

③ 모발이 끈적이고 힘없이 가라앉는다.

④ 과다한 피지 분비로 지루성 염증이 생긴다.

⑤ 비듬이 관찰되고 가려움증을 동반한다.

(4) 예민 민감성 두피

① 붉은색을 띠며 표면에 홍반 및 염증 또는 가느다란 실핏줄들이 육안으로 확인된다.

② 모발은 매우 가늘어져 있는 상태다.

③ 모세혈관 확장으로 외부의 약한 자극에도 따갑거나 발열 현상으로 민감하게 반응한다.

④ 심한 경우 세균 감염으로 인해 염증성 두피로 발전할 수 있다.

(5) 복합성 두피 두피 지성, 모발 건성

① 현대의 젊은 여성들에게 가장 흔한 두피상태이다.

② 두피가 단단해지고 모근에 압박이 가해져 혈액 순환이 제대로 이루어지지 않아 모발에 영양 공급이 되지 않는다.

2. 두발 화장품의 종류 및 기능

(1) 세정용 두발 화장품

① 샴푸

- 기능 : 두피 및 두발의 오염을 제거하고, 비듬이나 가려움을 억제하여, 두피·두발을 청결하게 하는 기능을 가진다. 적당한 세정력으로 피지를 과도하게 제거하지 아니하고, 부드럽고 풍부한 거품과 세발 중 마찰에 의한 모발 손상을 보호하고, 세발 후 적당한 유연성의 기능이 필요하다.
- 주성분 : 음이온 계면활성제 알킬황산에스테르염, 폴리옥시에틸렌알킬에테르황산에스테르염, 아실메틸 타우린염, N-아실글루타민염, 양쪽성 계면활성제 알킬 베타인, 알킬아미드 베타인, 이미다졸리늄 베타인, 비이온 계면활성제 지방산 아카놀아미드, 모노에탄올아미드, 디에탄올아미드, 기타 첨가제 보습제, 점증제, 향료, 색소, 방부제, 금속이온봉쇄제, pH조절제 등
- 사용법
  - 두피유형 건성, 지성, 정상, 지루성, 건성, 탈모 등과 목적에 맞는 샴푸를 선택한다.
  - 손에 적당한 양을 덜어 손이나 모발에 거품을 충분히 낸 후 두피 및 두발을 씻어낸다. 세정제가 두피 및 두발에 남아 있지 않도록 충분히 헹구어 내는 것이 중요하다.

② 린스

- 기능 : 세발 후 모발에 매끄러움을 부여하고 모발의 표면 상태를 정돈하는 기능을 가진다. 모발의 표면을 매끄럽게 하여 빗질이 용이하며 정전기를 방지, 모발을 유연하고 보호하는 기능이 있다.
- 주성분 : 양이온 계면활성제 염화알킬트리메틸암모늄, 유분 탄화수소, 고급알코올, 에스테르류, 실리콘유 등 보습제 글리세린, 프로필렌글리콜, 부틸렌글리콜, 폴리에틸렌글리콜 등, 기타 첨가제

- **사용법** : 샴푸 세발 후 소량을 손에 덜어 모발의 끝에 도포 후 헹구어 낸다. 린스의 경우 두피에 닿으면 자극이 될 수 있으므로 두피에 닿지 않게 주의하고, 충분히 헹구어 내는 것이 중요하다.

③ 헤어트리트먼트

- **기능** : 모발의 윤기, 유연성, 광택을 주며, 유분에 의한 컨디셔닝 효과 및 보습의 기능을 가진다.
- **주성분** : 유지류올리브유, 동백유, 합성트리글리세라이드, 탄화수소유동파라핀, 바세린, 세레신, 마이크로크리스탈린납, 왁스밀납, 라놀린, 고급 지방산라우린산, 미리스틴산, 실리콘유, 계면활성제, 보습제, 점도증가제, 방부제, 기타 첨가제
- **사용법** : 세발 후 손에 적당량을 덜어 두피에 닿지 않고 모발의 중간 부분부터 도포 후 일정 시간이 지나면 충분히 헹구어 낸다. 이는 피부 팩의 사용법과 비슷하다고 볼 수 있다.

(2) 모발관리 화장품

① 헤어토닉

- **기능** : 살균력이 있어 두피와 모발에 청결함을 유지하고 상쾌한 기능을 가진다.
- **주성분** : 에탄올, 보습제, 유분
- **사용법** : 두피 유형 및 모발의 상태에 맞게 제품을 선택하고, 두피 및 모발에 적당량을 뿌린다. 지성 두피는 에탄올 성분으로 살균. 소독의 기능으로 염증을 완화하고, 민감성 두피는 보습제 성분으로 두피의 진정 효과를 가진다.

② 헤어에센스

- **기능** : 마찰로부터 모발을 보호하고, 컨디셔닝 효과 및 헤어스타일링 기능을 가진다.
- **주성분** : 에틸알코올, 계면활성제, 보습제, 유분 향료, 방부제, 자외선방지제 등
- **사용법** : 세발 후 드라이한 후 모발에 도포한다. 또는 약간 젖은 상태에서 모발 끝에 도포하여 스타일링을 한다.

(3) 헤어스타일링제

① 헤어 오일

- **기능** : 모발에 유분을 부여하고, 광택 및 유연성의 기능을 가진다.
- **주성분** : 유동파라핀, 올리브유, 향료, 산화방지제 등
- **사용법** : 드라이 후 약간 젖은 상태에서 모발에 도포한다.

② 포마드

- **기능** : 반고형의 오일로서 모발에 광택 및 모발의 단단함을 증가하고 스타일링의 기능을 가진다.
- **주성분** : 식물성 오일피마자, 광물성 오일바세린, 정제목납, 향료, 염료, 산화방지제
- **사용법** : 드라이 후 손에 적당히 덜어 스타일링한다.

③ 헤어크림

- **기능** : 유화형태의 제품으로 모발의 윤기, 유연성, 컨디셔닝 기능을 가진다. 유화의 상태에 따라 O/W 형태는 끈적임이 적고 산뜻하며, W/O 형태는 유분감이 있고 정발의 효과가 뛰어나다. 이에 모발의 상태를 확인하고 용도에 맞게 선택한다.
- **주성분** : 유리류, 탄화수소, 왁스, 고급 지방산, 고급 알코올, 실리콘, 점도조절제, 계면활성제, 보습제, 방부제, 킬레이트 등
- **사용법** : 드라이 후 손에 적당히 덜어 스타일링한다.

④ 헤어무스

- **기능** : 정발의 기능을 가지는 조성물과 액화가스로 채워져 있으며 모발의 고정 및 스타일링의 기능을 가진다.
- **주성분** : 세팅제아크릴수지알칸올아민액 50%, 유분, 보습제, 계면활성제, 향료, 방부제 등
- **사용법** : 사용하기 전 흔들어 손에 적당량을 덜어 원하는 부위에 바르면서 스타일링한다.

⑤ 헤어스프레이

- **기능** : 세팅한 모발 위에 분무하여 모발의 형태를 유지하는 기능을 가진다.
- **주성분** : 세팅제아크릴수지알칸올아민액 50%, 피막형성제고급 알코올, 라놀린유도체, 실리콘 오일, 향료, 분사제디메틸에테르
- **주성분** : 사용하기 전 흔들어 고정하고자 하는 모발 부위에 거리를 두고 분사한다.

⑥ 헤어젤

- 기능 : 정발의 기능을 가진 수용성 고분자로 만들어진 점도증가계에 정발 성분을 첨가시킨 젤리상의 스타일링제이다.
- 주성분 : 수용성고분자카르복시비닐폴리머, 메틸셀룰로오스, 카라기난, 세팅제폴리비닐피롤리돈 등, 보습제, 알칼리제, 계면활성제, 킬레이트제 등
- 사용법 : 적당량을 덜어 원하는 부위에 바르면서 스타일링 한다.

⑦ 퍼머넌트 웨이브제

- 기능 : 모발에 약제를 작용시켜 웨이브 모양을 연출하는 기능을 가진다. 이는 환원과 산화를 걸쳐서 퍼머넌트 웨이브가 형성되는 과정으로 케라틴의 폴리펩타이드사스를 컬에 말아서 잡아당긴 상태에서, 여기에 환원제를 작용시켜 측쇄의 이황화결합을 절단하고, 산화제를 적용하면 그 위치에 새로운 이황화결합이 생성되어 웨이브가 형성된다.
- 주성분 : 1제 환원제치오글라이콜릭애씨드, 암모늄티오글라이콜레이트, 시스테인, 모노에탄올아민, 이온교환수, 에데트산염, 향료 등, 2제 산화제브롬산나트륨, 과산화수소, 실리콘에멀젼, 이온교환수, pH 완충제 등
- 사용법 : 와인딩 → 1제 환원제→ 2제 산화제 사용펌 기구 사용 및 열처리

표 6-3 모발화장품 주요 목적 및 원료

목적	역할	대표적 원료
세정제	음이온 계면활성제	소듐라우릴황산염(SLS), 소듐라우레스황산염(SLES), a-올레핀설폰산염, N-아실글루타민 등
	양쪽성 계면활성제	알킬다이멘틸벤젠, 아실아마이드베타인, 이미다졸리움베타인
기포력증진 세정보조제	비이온성 계면활성제	지방산다이에타놀아마이드, 지방산모노에타놀아마이드, 알킬아민옥사이드 등
컨디셔닝제	양이온성 고분자	양이온화셀룰로스, 양이온화구아검, 염화다이메틸다이아릴암모니윰 아크릴아마이드 등
	유분	실리콘검, 에스터유, 라놀린유도체, 고급 알코올 등
	기타	단백질유도체
기능성분	항비듬제	징크피리치온, 요오드, 피로크톤오라민, 살리실산 등
	청량제	멘톨 등

외관부여 성분	펄화제	고급 지방산글리콜에스터 등
	현탁제	폴리스티렌폴리머 등
	착색제	색소 등
향	부향제	향료 등
성상조절제	점증제	지방산알카놀아마이드, 수용성고분자, 유분 등
	pH 조절제	무기산, 구연산, 무기알칼리, 트리에탄올아민 등
보습제	유연성, 건조방지	글리세린, 프로필렌글리콜, 1.3-부틸렌글리콜 등
안정제	자외선흡수제	옥시벤존 등
금속이온 봉쇄제		EDTA, 구연산 등
보존제		안식향산(염), 살리실산(염), 파라벤, 메틸클로로이소티아졸리논, 메틸이소티아졸리논 등

4. 방향성 화장품

향수는 영어로는 퍼퓸Perfume, 프랑스어로는 파흐퓜Parfum이라 하며, 라틴어의 '통하여'라는 perthrough와 '연기'라는 fumesmoke의 합성어에서 유래되었다. 방향성 화장품이란 향료를 에탄올에 녹인 것으로 인체에서 발생하는 냄새나 매력적인 이미지를 위해 아주 오래전부터 사용되어 왔으며, 인류의 역사와 더불어 인간 생활의 많은 부분에서 이용되어 왔다.

향료는 크게 천연, 합성, 조합 향료로 구별된다. 천연 향료는 식물로부터 분리된 식물성 향료와 동물의 선낭 등에서 채취한 동물성 향료가 있다.

1. 향료의 조건

① 아름답고, 세련된 격조 높은 향일 것
② 향기가 독특하고 특징이 있을 것
③ 향기의 확산성이 좋을 것
④ 향기가 적당히 강하고 지속성이 있을 것
⑤ 향기가 제품 이미지와 일치할 것

2. 방향성 화장품의 종류 및 기능

(1) 부향률에 따른 분류

분류	부향률	지속시간	특징
퍼퓸 (perfume)	15~30%	6~7시간	• 일반적인 향수를 말한다. • 저녁 외출 시 사용이 적당하다. • 귀 뒤, 목덜미, 팔꿈치 안쪽, 손목 부분에 소량 사용한다.
오데 퍼퓸 (eau de perfume)	10~15%	5~6시간	• 퍼퓸과 오데 뚜알렛의 중간 타입이다. • 낮 외출 시 적당하다.
오데 뚜왈렛 (eau de toilette)	5~10%	3~5시간	• 오데 코롱의 중간 타입이다. • 프랑스어로 '물'과 '화장실'이란 의미로, 몸차림을 정돈하는 물이란 뜻이다. • 간편하게 전신에 사용하거나 사무실에 적당하다.
오데 코롱 (Eau de cologne)	3~5%	1~2시간	• 15~20%의 증류수와 알코올 혼합물로 이루어져 있다. • 가볍고 신선한 타입의 바디 방향 화장품이다. • 운동이나 샤워 후 적당하다. • 처음 향수를 사용하는 사람에게 적당하다.
샤워 코롱 (Shower cologne)	1~3%	약 1시간	• 부향률이 낮아 전신에 부담없이 사용이 가능하다. • 전신이나 샤워 후 적당하다.

(2) 발산 속도에 따른 분류

분류	지속시간	특징
탑 노트 (Top note)	공기 노출 2시간 체내 약 24시간	• 향수를 개봉하거나 뿌렸을 때 처음 나는 향이다. • 휘발성이 강한 시트러스계, 그린계, 알데히드계, 가벼운 플로럴계 등이 있다.
미들 노트 (Middle note)	공기 노출 3~5시간 체내 약 72시간	• 탑 노트 다음에 느껴지는 중간 단계의 향이다. • 향수를 뿌린 후 20분에서 1시간 이후에 맡게 되는 향이다. • 플로럴계, 시프러스계, 스파이스계, 그린계, 오리엔탈계 등이 있다.

베이스 노트 (Base note)	공기 노출 6~11시간 체내 약 7일	• 향기의 마지막 단계로 향수를 뿌린 후 2~3시간 후에 느껴지는 향이다. • 시간 경과 후 자신의 체취와 섞여서 나는 향취로 휘발성이 낮고 보유성이 풍부하다. • 우디계, 엠버계, 오리엔탈계 등이 있다.

(3) 원료에 따른 분류

① 동물성 향료

동물의 특수한 분비물이나 병적산물에서 얻으며 짙은 향취를 가지며, 생산량이 적어 고가이기 때문에 고급 향수에 사용된다.

- 머스크(Musk, 사향) : 사향 노루(수컷)의 생식선에서 얻음
- 시베트(Civet, 염묘향) : 사향 고양이(암컷과 수컷)의 분비선낭에서 얻음
- 카스토리윰(Castoreum, 해리향) : 비버(암컷과 수컷)의 분비선낭에서 얻음
- 앰버그리스(Ambergris, 용연향) : 향유고래의 장내 결석에서 얻음

② 식물성 향료

식물의 꽃, 가지, 잎, 줄기, 나무껍질, 뿌리, 열매나 종자, 이끼류, 풀, 수액 등에서 얻을 수 있으며 종류와 생산량이 풍부하며 에센셜 오일이라고 한다.

③ 합성 향료

합성 향료는 단일 화학구조로 표현된 향료로서, 천연 향료로부터 분리된 단리 향료와 합성반응에 의해 만들어진 순합성 향료가 있다. 조합 향료는 천연 및 합성 향료를 목적에 따라 혼합한다.

(4) 향취에 따른 분류

① 시트러스Citrus

- 레몬, 베르가못, 오렌지, 라임 등 감귤계의 향기이다.
- 신선하고 상쾌한 향이다.
- 탑 노트에 가장 많이 사용된다.

② 그린Green

- 숲속의 풀잎 향과 젖은 나뭇잎에서 느껴지는 싱그럽고 신선한 향기이다.
- 시트러스보다도 개성이 강하고 고급스러움을 느낀다.

③ 플로랄Floral

- 장미, 자스민, 라일락, 수선화, 네롤리, 일랑일랑 등 꽃향기이다.
- 여러 꽃이 혼합된 꽃다발의 향기이다.
- 가장 많이 사용된다.

④ 시프레Chypre

- 식물성 향오크모스, 베르가못, 자스민, 장미, 무스크 등과 동물성 향사향, 용연향 등이 조화를 이룬 향이다.
- 여성에게 어울리는 온화하며 성숙한 여성미를 느끼는 향이다.

⑤ 푸제아Fougere

- 식물성 향라벤더, 오크모스, 장미, 샌달우드, 파촐리 등과 동물성 향사향, 용연향 등이 조화를 이루고 중후함을 느끼는 향을 이룬다.
- 싱싱하고 촉촉한 느낌이 복합된 남성에게 어울리는 향이다.

⑥ 오리엔탈Oriental

- 나무, 분말, 동물, 스파이스의 강한 향기를 지닌다.
- 지속성이 강하여 다량 사용하면 불쾌감을 줄 수 있어 사용 시 주의가 필요하다.

⑦ 우디Woody

- 샌달우드, 시더우드, 파인, 파촐리 등 나무의 향기를 지닌다.
- 중후감을 느끼며, 남성 화장품에 많이 배합된다.

⑧ 기타

- 프루티Fruity : 달콤하고 과실의 향기를 지닌다.
- 파우더리Powdery : 바닐린, 헬리오트로핀, 무스크 등 가루 가득한 향으로 여성적 이미지의 향이다.
- 스파이시Spicy : 시나몬, 너트맥, 로즈메리, 타임 등 매운 향기를 지닌다.
- 알데히딕Aldehydic : 지방족 알데히드류의 숨막힐 듯 강렬한 향기를 지니며, 소량의 사용으로 깊은 향기를 낸다.

3. 방향성 화장품 사용

(1) 향수의 선택 방법

• 향은 시향지에 묻혀 테스팅 한다.
• 향은 2~3개 정도 테스팅이 적당하며 그 이상이 되면 판단이 흐려진다.
• 시간, 장소, 상황에 따라 맞는 향수를 선택한다.

(2) 향수 사용법

• 청결한 피부에 스프레이한다.
• 향수는 손목, 팔꿈치, 무릎의 안쪽이 적당하다.
• 옷의 스커트의 안쪽 단 또는 넥타이의 안쪽이 적당하다.
• 피부가 약한 사람은 옷의 안쪽 단을 이용한다.

(3) 향수의 보존

• 향수는 일광, 온도, 자외선에 의해서 변하므로 직사 일광을 피한다.
• 공기 중의 산소에 의해서 산화되므로 공기와 접촉되지 않도록 한다.
• 고온에서 화학변화를 일으켜 변질되므로 서늘한 곳에 보관한다.

(4) 향수 사용 시 주의사항

• 한 번에 두 가지 이상의 향수를 사용하지 않는다.
• 흰색 옷, 모피, 가죽 등 변색이 되는 제품에는 직접 닿지 않도록 한다.
• 상처가 있는 부분에 직접 닿지 않도록 한다.

5. 기능성 화장품

기능성 화장품이란 일반적인 화장품과 그 특징 및 기준이 법적으로 구분되어, 피부에서 특정한 효능효과를 나타내는 화장품을 말한다. 최근 개정된 화장품법 시행규칙 제2조 기능성 화장품의 범위2022. 6. 19. 시행를 보면 총 11가지 항목의 기능성 화장품이 있다는 것을 알 수 있다.

이 기능성 화장품들은 일정 조건을 충족할 경우 2중 기능성 화장품, 3중 기능성 화장품과 같이 여러 기능성을 제품 하나에 동시 부여하여 제조하는 것도 가능하다.

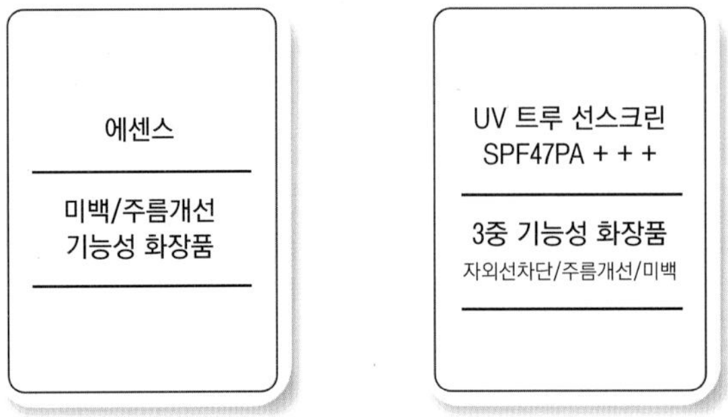

그림 6-5　2중 기능성 화장품과 3중 기능성 화장품

화장품법 시행규칙은 상위 법인 화장품법에서 규정하지 않은 세부 항목을 총리령에 의하여 규정한 하위 법으로 기능성 화장품과 관련된 구체적인 기능성 화장품의 범위 2조, 기능성 화장품의 심사 제9조, 보고서 제출 대상 제10조, 화장품제조업자의 준수사항 제11조, 화장품 포장의 기재 · 표시 제19조 등에 대하여 상세히 규정하고 있다.

화장품법 제2조제2호 2020. 4. 7. 개정에서 정의한 기능성 화장품은 다음 각 목의 어느 하나에 해당되는 것으로서 총리령으로 정하는 화장품을 말한다.

가. 피부의 미백에 도움을 주는 제품

나. 피부의 주름개선에 도움을 주는 제품

다. 피부를 곱게 태워주거나 자외선으로부터 피부를 보호하는 데에 도움을 주는 제품

라. 모발의 색상 변화 · 제거 또는 영양공급에 도움을 주는 제품

마. 피부나 모발의 기능 약화로 인한 건조함, 갈라짐, 빠짐, 각질화 등을 방지하거나 개선하는 데에 도움을 주는 제품

화장품법 시행규칙 제2조 기능성 화장품의 범위는 화장품법 제2조제2호 각 목 외의 부분에서 "총리령으로 정하는 화장품"이란 다음 각 호의 화장품을 말한다. 〈2020.8. 5. 일부개정〉

① 피부에 멜라닌색소가 침착하는 것을 방지하여 기미·주근깨 등의 생성을 억제함으로써 피부의 미백에 도움을 주는 기능을 가진 화장품

② 피부에 침착된 멜라닌색소의 색을 엷게 하여 피부의 미백에 도움을 주는 기능을 가진 화장품

③ 피부에 탄력을 주어 피부의 주름을 완화 또는 개선하는 기능을 가진 화장품

④ 강한 햇볕을 방지하여 피부를 곱게 태워주는 기능을 가진 화장품

⑤ 자외선을 차단 또는 산란시켜 자외선으로부터 피부를 보호하는 기능을 가진 화장품

⑥ 모발의 색상을 변화[탈염(脫染)·탈색(脫色)을 포함한다]시키는 기능을 가진 화장품. 다만, 일시적으로 모발의 색상을 변화시키는 제품은 제외한다.

⑦ 체모를 제거하는 기능을 가진 화장품. 다만, 물리적으로 체모를 제거하는 제품은 제외한다.

⑧ 탈모 증상의 완화에 도움을 주는 화장품. 다만, 코팅 등 물리적으로 모발을 굵게 보이게 하는 제품은 제외한다.

⑨ 여드름성 피부를 완화하는 데 도움을 주는 화장품. 다만, 인체세정용 제품류로 한정한다.

⑩ 피부장벽(피부의 가장 바깥 쪽에 존재하는 각질층의 표피를 말한다)의 기능을 회복하여 가려움 등의 개선에 도움을 주는 화장품

⑪ 튼살로 인한 붉은 선을 엷게 하는 데 도움을 주는 화장품

1. 기능성 화장품의 종류 및 기능

(1) 미백 기능성 화장품

화장품법 시행규칙 제2조제1호와 제2호에 해당하는 내용으로 피부에 멜라닌색소가 침착하는 것을 방지하여 기미 · 주근깨 등의 생성을 억제함으로써 피부의 미백에 도움을 주는 기능을 가진 화장품과 피부에 침착된 멜라닌색소의 색을 엷게 하여 피부의 미백에 도움을 주는 기능을 가진 화장품을 총칭하여 미백 화장품이라 한다.

① **효능 효과** : 피부의 미백에 도움을 준다.

② **용법 용량** : 본품 적당량을 취해 피부에 골고루 펴 바른다. 또는 침적 마스크일 경우, 본품을 피부에 붙이고 10~20분 후 지지체를 제거한 다음 남은 제품을 골고루 펴 바른다.

③ **작용기전** : 피부에서 멜라닌색소가 필요해지면 산화효소인 티로시나아제tyrosinase에 의해 멜라닌색소의 원료인 타이로신tyrosine이 도파DOPA로, 도파에서 도파퀴논DOPA-quinone의 과정을 거쳐 멜라닌색소로 변화한다. 미백 기능성 성분들은 이 산화효소인 티로시나아제가 타이로신과 작용하지 못하도록 억제하여 멜라닌색소의 합성을 방해한다.

④ **제조 허용 제형** : 로션제, 액제, 크림제 및 침적 마스크만 가능클렌저 등 불가

표 6-4 피부의 미백에 도움을 주는 제품의 성분 및 함량

순번	성분 명	함량
1	닥나무추출물	2%
2	알부틴	2~5%
3	에칠아스코빌에텔	1~2%
4	유용성 감초추출물	0.05%
5	아스코빌글루코사이드	2%
6	마그네슘아스코빌포스페이트	3%
7	나이아신아마이드	2~5%
8	알파-비사보롤	0.5%
9	아스코빌테트라이소팔미테이트	2%

(2) 주름 기능성 화장품

화장품법 시행규칙 제2조제3호에 해당하는 것으로 피부에 탄력을 주어 피부의 주름을 완화 또는 개선하는 기능을 가진 화장품이다.

① **효능 효과** : 피부의 주름개선에 도움을 준다.

② **용법 용량** : 본품 적당량을 취해 피부에 골고루 펴 바른다. 또는 침적 마스크일 경우, 본품을 피부에 붙이고 10~20분 후 지지체를 제거한 다음 남은 제품을 골고루 펴 바른다.

③ **작용기전 :** 비타민 A의 유도체인 레티놀과 레티닐팔미테이트, 폴리에톡실레이티드레틴아마이드는 의약품인 광노화치료제 트레티노인Tretinoin과 유사한 효과를 가지지만 피부에는 그보다 더 안전하여 화장품 성분으로 쓰이며, 피부각질주기를 정상으로 되돌려 상피세포의 분화를 유도하는 방법으로 주름 개선에 도움을 준다. 아데노신은 섬유아세포의 증식을 자극하여 콜라겐과 엘라스틴, 하이알루로닉애씨드와 같은 성분의 생성을 촉진한다.

④ **제조 허용 제형 :** 로션제, 액제, 크림제 및 침적 마스크만 가능클렌저 등 불가

표 6-5 피부의 주름개선에 도움을 주는 제품의 성분 및 함량

순번	성분 명	함량
1	레티놀	2,500IU/g
2	레티닐팔미테이트	10,000IU/g
3	아데노신	0.04%
4	폴리에톡실레이티드레틴아마이드	0.05~0.2%

(3) 자외선 화장품태닝 & 자외선 차단제

화장품법 시행규칙 제2조제4호와 제5호에 해당하는 화장품으로 강한 햇볕을 방지하여 피부를 곱게 태워주는 기능을 가진 화장품과 자외선을 차단 또는 산란시켜 자외선으로부터 피부를 보호하는 기능을 가진 화장품을 말한다.

① **효능 효과 :** 자외선으로부터 피부를 보호한다. 허가 받은 SPF지수, PA등급을 문장 마지막에 기재할 것

② **용법 용량 :** 적당량을 취해 피부에 골고루 펴 바른다.

③ **작용기전 :** 물리적 자외선차단 성분은 징크옥사이드와 티타늄디옥사이드 등 단 2개 뿐이며, 이 성분들은 광독성이 없고 자외선을 난반사하는 방식으로 자외선을 차단한다. 나머지 성분들은 모두 화학적 자외선차단 성분으로 자외선을 스스로 흡수하여 열로 에너지를 전환시키는 방식으로 자외선을 차단한다.

④ **제조 허용 제형 :** 영·유아용 제품류 중 로션, 크림 및 오일과 기초화장용 제품류, 색조화장용 제품류에 한함.

표 6-6 피부를 곱게 태워주거나 자외선으로부터 피부를 보호하는데 도움을 주는 제품의 성분 및 함량

순번	성분 명	최대 함량
1	드로메트리졸	1 %
2	디갈로일트리올리에이트	5 %
3	4-메칠벤질리덴캠퍼	4 %
4	멘틸안트라닐레이트	5 %
5	벤조페논-3	5 %
6	벤조페논-4	5 %
7	벤조페논-8	3 %
8	부틸메톡시디벤조일메탄	5 %
9	시녹세이트	5 %
10	에칠헥실트리아존	5 %
11	옥토크릴렌	10 %
12	에칠헥실디메칠파바	8 %
13	에칠헥실메톡시신나메이트	7.5 %
14	에칠헥실살리실레이트	5 %
15	페닐벤즈이미다졸설포닉애씨드	4 %
16	호모살레이트	10 %
17	징크옥사이드	25 %(자외선 차단 성분으로서)
18	티타늄디옥사이드	25 %(자외선 차단 성분으로서)
19	이소아밀p-메톡시신나메이트	10 %
20	비스-에칠헥실옥시페놀메톡시페닐트리아진	10 %
21	디소듐페닐디벤즈이미다졸테트라설포네이트	산으로 10 %
22	드로메트리졸트리실록산	15 %
23	디에칠헥실부타미도트리아존	10 %
24	폴리실리콘-15(디메치코디에칠벤잘말로네이트)	10 %
25	메칠렌비스-벤조트리아졸릴테트라메칠부틸페놀	10 %
26	테레프탈릴리덴디캠퍼설포닉애씨드 및 그 염류	산으로 10 %
27	디에칠아미노하이드록시벤조일헥실벤조에이트	10 %

(4) 모발 기능성 화장품

화장품법 시행규칙 제2조제6호에 해당하는 것으로 모발의 색상을 변화[탈염脫染 · 탈색脫色을 포함한다]시키는 기능을 가진 화장품을 말한다. 다만, 일시적으로 모발의 색상을 변화시키는 제품은 제외한다. 또한 염모제 성분 중 *o*−아미노페놀, 염산, *m*−페닐렌디아민, 카테콜, 피로갈롤은 유전독성 가능성이 있는 성분으로 식약처에서 2022년 9월 5일 사용금지 성분으로 행정 예고하였다.

1) 효능 및 효과 아래 중 하나

① **염모제** : 모발의 염모색상, 예) 모발의 염모노랑색

② **탈색·탈염제** : 모발의 탈색

③ 염모제의 산화제

④ 염모제의 산화제 또는 탈색제·탈염제의 산화제

⑤ 염모제의 산화보조제

⑥ 염모제의 산화보조제 또는 탈색제·탈염제의 산화보조제

2) 기능

모발에 다양한 색을 부여하는 기능을 가진다. 염모제는 염모효과에 따라 일시염모제, 반영구염모제, 영구염모제로 분류되며 목적에 따라 흰머리 염색, 새치커버, 블리치 등이 있다.

3) 주성분

① 1제 염료중간체, 염료수정제, 알칼리제, 고급 지방산, 겔화제, 용제

② 2제 산화제, pH 조절제

4) 사용법 염모제의 분류에 따라 다르다

1제, 2제를 혼합하여 도포1제 알칼리제 모표피 팽윤, 연화, 염료와 과산화수소 모피질 내부로 침투 → 멜라닌 색소와 염료의 산화 → 착색

5) 용법 및 용량 기능성 화장품 심사에 관한 규정 별표 4 자료 제출이 생략되는 기능성 화장품에 따라 용량 미기재

① 3제형 산화염모제

제1제 ○g mL에 대하여 제2제 ○g mL와 제3제 ○g mL의 비율로 필요한 경우 혼합순서를 기재한다 사용 직전에 잘 섞은 후 모발에 균등히 바른다. ○분 후에 미지근한 물로 잘 헹군 후 비누나 샴푸로 깨끗이 씻고 마지막에 따뜻한 물로 충분히 헹군다. 용량은 모발의 양에 따라 적절히 증감한다.

② 2제형 산화염모제

제1제 ○g mL에 대하여 제2제 ○g mL의 비율로 사용 직전에 잘 섞은 후 모발에 균등히 바른다.(단, 일체형 에어로졸제*의 경우에는 "사용 직전에 충분히 흔들어 제1제 ○g mL에 대하여 제2제 ○g mL의 비율로 섞여 나오는 내용물을 적당량 취해 모발에 균등히 바른다"로 한다.) ○분 후에 미지근한 물로 잘 헹군 후 비누나 샴푸로 깨끗이 씻고 마지막에 따뜻한 물로 충분히 헹군다. 용량은 모발의 양에 따라 적절히 증감한다.

③ 일체형 에어로졸제

1품목으로 신청하는 2제형 산화염모제 또는 2제형 탈색 · 탈염제 중 제1제와 제2제가 칸막이로 나뉘어져 있는 일체형 용기에 서로 섞이지 않게 각각 분리 · 충전되어 있다가 사용 시 하나의 배출구 노즐로 배출되면서 기계적 자동으로 섞이는 제품

④ 2제형 비산화염모제

먼저 제1제를 필요한 양만큼 취하여 탈지면에 묻혀 모발에 충분히 반복하여 바른 다음 가볍게 비벼준다. 자연 상태에서 ○분 후 염색이 조금 되어갈 때 제2제를 필요 시 잘 흔들어 섞어 충분한 양을 취해 반복해서 균등히 바르고 때때로 빗질을 해준다. 제2제를 바른 후 ○분 후에 미지근한 물로 잘 헹군 후 비누나 샴푸로 깨끗이 씻고 마지막에 따뜻한 물로 충분히 헹군다. 용량은 모발의 양에 따라 적절히 증감한다.

⑤ 3제형 탈색·탈염제

제1제 ○g mL에 대하여 제2제 ○g mL와 제3제 ○g mL의 비율로 필요한 경우 혼합순서를 기재한다 사용 직전에 잘 섞은 후 모발에 균등히 바른다. ○분 후에 미지근한 물로 잘 헹군 후 비누나 샴푸로 깨끗이 씻고 마지막에 따뜻한 물로 충분히 헹군다. 용량은 모발의 양에 따라 적절히 증감한다.

⑥ 2제형 탈색·탈염제

제1제 ○gmL에 대하여 제2제 ○gmL의 비율로 사용 직전에 잘 섞은 후 모발에 균등히 바른다.(단, 일체형 에어로졸제의 경우에는 "사용 직전에 충분히 흔들어 제1제 ○gmL에 대하여 제2제 ○gmL의 비율로 섞여 나오는 내용물을 적당량 취해 모발에 균등히 바른다"로 한다.) ○분 후에 미지근한 물로 잘 헹군 후 비누나 샴푸로 깨끗이 씻는다. 용량은 모발의 양에 따라 적절히 증감한다.

⑦ 1제형분말제, 액제 등 신청의 경우

- "이 제품 ○g을 두발에 바른다. 약 ○분 후 미지근한 물로 잘 헹군 후 비누나 샴푸로 깨끗이 씻는다" 또는 "이 제품 ○g을 물 ○mL에 용해하고 두발에 바른다. 약 ○분 후 미지근한 물로 잘 헹군 후 비누나 샴푸로 깨끗이 씻는다."
- 1제형 산화염모제, 1제형 비산화염모제, 1제형 탈색·탈염제는 1제형분말제, 액제 등의 예에 따라 기재한다.
- 분리 신청의 경우
  - **산화염모제의 경우** : 이 제품과 산화제H_2O_2 ○w/w% 함유를 ○ : ○의 비율로 혼합하고 두발에 바른다. 약 ○분 후 미지근한 물로 잘 헹군 후 비누나 샴푸로 깨끗이 씻는다. 1인 1회분의 사용량은 ○~○gmL이다.
  - **탈색 · 탈염제의 경우** : 이 제품과 산화제H_2O_2 ○w/w% 함유를 ○ : ○의 비율로 혼합하고 두발에 바른다. 약 ○분 후 미지근한 물로 잘 헹군 후 비누나 샴푸로 깨끗이 씻는다. 1인 1회분의 사용량은 ○~○gmL이다.
- 산화염모제의 산화제인 경우 : 염모제의 산화제로써 사용한다.
- 탈색·탈염제의 산화제인 경우 : 탈색·탈염제의 산화제로써 사용한다.
- 산화염모제, 탈색·탈염제의 산화제인 경우 : 염모제, 탈색·탈염제의 산화제로써 사용한다.
- 산화염모제의 산화보조제인 경우 : 염모제의 산화보조제로써 사용한다.
- 탈색·탈염제의 산화보조제인 경우 : 탈색·탈염제의 산화보조제로써 사용한다.
- 산화염모제, 탈색·탈염제의 산화보조제인 경우 : 염모제, 탈색·탈염제의 산화보조제로써 사용한다.

* ○g mL나 ○분 등의 표시는 법 규정에 표시된 대로 표시한 미지 수치임.

6) 제조 허용 제형 : 분말제, 액제, 크림제, 로션제, 에어로졸제, 젤제에 한함.

구분	성분 명	사용할 때 농도 상한%
I	*p*-니트로-*o*-페닐렌디아민	1.5
	니트로-*p*-페닐렌디아민	3.0
	2-메칠-5-히드록시에칠아미노페놀	0.5
	2-아미노-4-니트로페놀	2.5
	2-아미노-5-니트로페놀	1.5
	2-아미노-3-히드록시피리딘	1.0
	5-아미노-*o*-크레솔	1.0
	m-아미노페놀	2.0
	p-아미노페놀	0.9
	염산 2,4-디아미노페녹시에탄올	0.5
	염산 톨루엔-2,5-디아민	3.2
	염산 *p*-페닐렌디아민	3.3
	염산 히드록시프로필비스(*N*-히드록시에칠-*p*-페닐렌디아민)	0.4
	톨루엔-2,5-디아민	2.0
	p-페닐렌디아민	2.0
	N-페닐-*p*-페닐렌디아민	2.0
	피크라민산	0.6
	황산 *p*-니트로-*o*-페닐렌디아민	2.0
	황산 *p*-메칠아미노페놀	0.68
	황산 5-아미노-*o*-크레솔	4.5
	황산 *m*-아미노페놀	2.0
	황산 *o*-아미노페놀	3.0
	황산 *p*-아미노페놀	1.3
	황산 톨루엔-2,5-디아민	3.6
	황산 *m*-페닐렌디아민	3.0
	황산 *p*-페닐렌디아민	3.8
	황산 *N*,*N*-비스(2-히드록시에칠)-*p*-페닐렌디아민	2.9
	2,6-디아미노피리딘	0.15

<table>
<tr><td colspan="2" rowspan="8">I</td><td>염산 2,4-디아미노페놀</td><td>0.5</td></tr>
<tr><td>1,5-디히드록시나프탈렌</td><td>0.5</td></tr>
<tr><td>피크라민산 나트륨</td><td>0.6</td></tr>
<tr><td>황산 2-아미노-5-니트로페놀</td><td>1.5</td></tr>
<tr><td>황산 o-클로로-p-페닐렌디아민</td><td>1.5</td></tr>
<tr><td>황산 1-히드록시에칠-4,5-디아미노피라졸</td><td>3.0</td></tr>
<tr><td>히드록시벤조모르포린</td><td>1.0</td></tr>
<tr><td>6-히드록시인돌</td><td>0.5</td></tr>
<tr><td colspan="2" rowspan="6">II</td><td>α-나프톨</td><td>2.0</td></tr>
<tr><td>레조시놀</td><td>2.0</td></tr>
<tr><td>2-메칠레조시놀</td><td>0.5</td></tr>
<tr><td>몰식자산</td><td>4.0</td></tr>
<tr><td>카테콜</td><td>1.5</td></tr>
<tr><td>피로갈롤</td><td>2.0</td></tr>
<tr><td rowspan="2">III</td><td>A</td><td>과붕산나트륨
과붕산나트륨일수화물
과산화수소수
과탄산나트륨</td><td rowspan="2"></td></tr>
<tr><td>B</td><td>강암모니아수
모노에탄올아민
수산화나트륨</td></tr>
<tr><td colspan="2">IV</td><td>과황산암모늄
과황산칼륨
과황산나트륨</td><td></td></tr>
<tr><td rowspan="2">V</td><td>A</td><td>황산철</td><td rowspan="2"></td></tr>
<tr><td>B</td><td>피로갈롤</td></tr>
</table>

* I란에 있는 유효성분 중 염이 다른 동일 성분은 1종만을 배합한다.
* 유효성분 중 사용 시 농도상한이 같은 표에 설정되어 있는 것은 제품 중의 최대배합량이 사용 시 농도로 환산하여 같은 농도상한을 초과하지 않아야 한다.
* I란에 기재된 유효성분을 2종 이상 배합하는 경우에는 각 성분의 사용 시 농도(%)의 합계치가 5.0 %를 넘지 않아야 한다.
* ⅢA란에 기재된 것 중 과산화수소수는 과산화수소로서 제품 중 농도가 12.0 % 이하이어야 한다.
* 제품에 따른 유효성분의 사용구분은 아래와 같다.

① 산화염모제

- 2제형 1품목 신청의 경우

  I란 및 III A란에 기재된 유효성분을 각각 1종 이상 배합하고 필요에 따라 같은 표 II 란 및 IV 란에 기재된 유효성분을 배합한다.

- 1제형 분말제, 액제 등 신청의 경우

  I란에 기재된 유효성분을 1종류 이상 배합하고 필요에 따라 같은 표 II 란, III A란 및 IV란에 기재된 유효성분을 배합할 수 있다.

- 2제형 제1제 분리신청의 경우

  I란에 기재된 유효성분을 1종류 이상 배합하고 필요에 따라 같은 표 II 란 및 IV란에 기재된 유효성분을 배합할 수 있다.

② 비산화염모제

VA란 및 VB란에 기재된 유효성분을 각각 1종 이상 배합하고 필요에 따라 같은 표 III B란에 기재된 유효성분을 배합한다.

③ 탈색·탈염제

- 2제형 1품목 신청, 1제형 신청의 경우

  III A란에 기재된 유효성분을 1종류 이상 배합하고 필요에 따라서 같은 표 III B란 및 IV란에 기재된 유효성분을 배합한다.

- 2제형 제1제 분리신청의 경우

  III A란, III B란 또는 IV란에 기재된 유효성분을 1종류 이상 배합한다.

④ 산화염모제의 산화제 또는 탈색·탈염제의 산화제

III A란에 기재된 유효성분을 1종류 이상 배합하고 필요에 따라 같은 표 IV란에 기재된 유효성분을 배합한다.

⑤ 산화염모제의 산화보조제 또는 탈색·탈염제의 산화보조제

IV란에 기재된 유효성분을 1종류 이상 배합한다.

<table>
<tr><th colspan="2" rowspan="2">효능 · 효과</th><th rowspan="2">신청 방식</th><th colspan="2" rowspan="2">제형</th><th rowspan="2">I란</th><th rowspan="2">II란</th><th colspan="2">III란</th><th rowspan="2">IV란</th><th colspan="2">V란</th></tr>
<tr><th>A</th><th>B</th><th>A</th><th>B</th></tr>
<tr><td rowspan="11">염모제</td><td rowspan="4">산화염모</td><td rowspan="4">1품목 신청</td><td colspan="2">1제형(1)</td><td>○</td><td>(○)</td><td>○</td><td></td><td>(○)</td><td></td><td></td></tr>
<tr><td colspan="2">1제형(2)</td><td>○</td><td>(○)</td><td></td><td></td><td></td><td></td><td></td></tr>
<tr><td rowspan="2">2제형</td><td>제1제</td><td>○</td><td>(○)</td><td></td><td></td><td>(○)</td><td></td><td></td></tr>
<tr><td>제2제</td><td></td><td></td><td>○</td><td></td><td></td><td></td><td></td></tr>
<tr><td rowspan="4">산화염모</td><td rowspan="3"></td><td rowspan="3">3제형</td><td>제1제</td><td>○</td><td>(○)</td><td></td><td></td><td>(○)</td><td></td><td></td></tr>
<tr><td>제2제</td><td></td><td></td><td>○</td><td></td><td></td><td></td><td></td></tr>
<tr><td>제3제</td><td></td><td></td><td></td><td></td><td>(○)</td><td></td><td></td></tr>
<tr><td>분리 신청</td><td colspan="2">2제형</td><td>○</td><td>(○)</td><td></td><td></td><td>(○)</td><td></td><td></td></tr>
<tr><td rowspan="3">비산화염모</td><td rowspan="3">1품목 신청</td><td colspan="2">1제형</td><td></td><td></td><td></td><td></td><td></td><td>○</td><td>○</td></tr>
<tr><td rowspan="2">2제형</td><td>제1제</td><td></td><td></td><td></td><td>(○)</td><td></td><td></td><td>○</td></tr>
<tr><td>제2제</td><td></td><td></td><td></td><td></td><td></td><td>○</td><td></td></tr>
<tr><td colspan="2" rowspan="12">탈색·탈염제</td><td rowspan="9">1품목 신청</td><td colspan="2">1제형(1)</td><td></td><td></td><td>○</td><td>○</td><td>(○)</td><td></td><td></td></tr>
<tr><td colspan="2">1제형(2)</td><td></td><td>○</td><td></td><td>(○)</td><td></td><td></td><td></td></tr>
<tr><td rowspan="2">2제형(1)</td><td>제1제</td><td></td><td></td><td>○</td><td>(○)</td><td></td><td></td><td></td></tr>
<tr><td>제2제</td><td></td><td>○</td><td></td><td>(○)</td><td></td><td></td><td></td></tr>
<tr><td rowspan="2">2제형(2)</td><td>제1제</td><td></td><td></td><td></td><td></td><td>○</td><td></td><td></td></tr>
<tr><td>제2제</td><td></td><td></td><td>○</td><td></td><td></td><td></td><td></td></tr>
<tr><td rowspan="3">3제형</td><td>제1제</td><td></td><td></td><td></td><td>○</td><td>(○)</td><td></td><td></td></tr>
<tr><td>제2제</td><td></td><td></td><td>○</td><td></td><td>(○)</td><td></td><td></td></tr>
<tr><td>제3제</td><td></td><td></td><td></td><td></td><td>(○)</td><td></td><td></td></tr>
<tr><td rowspan="3">분리 신청</td><td>2제형(1)</td><td>제1제</td><td></td><td></td><td></td><td>○</td><td>(○)</td><td></td><td></td></tr>
<tr><td>2제형(2)</td><td>제1제</td><td></td><td></td><td>○</td><td>(○)</td><td></td><td></td><td></td></tr>
<tr><td>2제형(3)</td><td>제1제</td><td></td><td></td><td></td><td></td><td>○</td><td></td><td></td></tr>
</table>

산화염모제의 산화제로 사용	분리신청			○		(○)		
탈색·탈염제의 산화제로 사용				○		(○)		
산화염모제, 탈색·탈염제의 산화제로 사용				○		(○)		
산화염모제의 산화보조제로 사용						○		
탈색·탈염제의 산화보조제로서 사용						○		
산화염모제, 탈색·탈염제의 산화보조제로 사용						○		

* ○ : 반드시 배합해야 할 유효성분
(○) : 필요에 따라 배합하는 유효성분

* 다만, 3제형 산화염모제 및 3제형 탈색·탈염제의 경우에는 제3제가 희석제 등으로 구성되어 유효성분을 포함하지 않을 수 있다.

* 다만, 2제형 산화염모제에서 제2제의 유효성분인 ⅢA란의 성분이 제1제에 배합되고 제2제가 희석제 등으로 구성되어 유효성분을 포함하지 않는 경우에도 제2제를 1개 품목으로 신청할 수 있다.

(5) 제모 기능성 화장품

화장품법 시행규칙 제2조제7호에 해당하는 것으로 체모를 제거하는 기능을 가진 화장품을 말한다. 다만, 물리적으로 체모를 제거하는 제품은 제외한다.

① **효능 효과** : 주로 겨드랑이나 다리 등의 미용 및 외관상의 이유로 털을 제거하는 기능을 가진다. 물리적 제모제와 화학적 제모제로 구분된다.

② **분류**

- 물리적 제모제 : 콜드왁스, 웜왁스로 구분되며 왁스를 털을 제거하고자 하는 부위에 도포 후 부직포를 밀착시켜 떼어내는 방식이다. 피부에 자극이 될 수 있으므로 진정이 필요하다.
- 화학적 제모제 : 알칼리 상태에서 환원제를 도포하여 시스틴 결합이 절단되고 털이 잘려 나가거나 용해된다. 피부에 자극이 될 수 있으므로 진정이 필요하다.

③ **용법 용량** : 사용 전 제모할 부위를 씻고 건조시킨 후 이 제품을 제모할 부위의 털이 완전히 덮이도록 충분히 바른다. 문지르지 말고 5~10분간 그대로 두었다가 일부분을 손가락으로 문질러 보아 털이 쉽게 제거되면 젖은 수건제품에 따라서는, 또는 동봉된 부직포 등으로 닦아 내거나 물로 씻어낸다. 면도한 부위의 짧고 거친 털을 완전히 제거하기 위해서는 한 번 이상수일 간격 사용하는 것이 좋다.

④ **작용기전** : 치오글리콜산이 모발 케라틴의 단백질 결합을 끊게 되면, 쉽게 끊어지도록 변화되어 물로 씻어내거나 닦아냈을 때 피부에서 탈락하게 된다.

⑤ **제조 허용 제형** : 액제, 크림제, 로션제, 에어로졸제에 한함.

표 6-7 체모를 제거하는 기능을 가진 제품의 성분 및 함량

순번	성분 명	함량
1	치오글리콜산 80%	치오글리콜산으로서 3.0~4.5%

* pH 범위는 7.0 이상 12.7 미만이어야 한다.

(6) 탈모 완화 기능성 화장품

화장품법 시행규칙 제2조제8호에 해당하는 것으로 탈모 증상의 완화에 도움을 주는 화장품을 말한다. 다만, 코팅 등 물리적으로 모발을 굵게 보이게 하는 제품은 제외한다.

이 항목의 기능성 화장품은 별도의 원료 기준을 충족하여 식약처가 고시한 인체적용시험 가이드라인을 통과한 경우 허가를 신청할 수 있다.

① **효능 효과** : 혈행촉진을 통해 두발을 자극하고 성장을 돕는 효능을 가진다.

표 6-8 탈모 증상의 완화에 도움을 주는 화장품 성분 명

순번	성분 명
1	덱스판테놀, 비오틴, 엘-멘톨, 징크피리치온 (씻어내는 제품에 1%, 기타 제품 사용금지)

(7) 여드름 완화 기능성 화장품

화장품법 시행규칙 제2조제9호에 해당하는 것으로 여드름성 피부를 완화하는 데 도움을 주는 화장품을 말한다. 다만, 인체세정용 제품류로 한정한다.

① **효능 효과** : 여드름성 피부를 완화하는 데 도움을 준다.

② **용법 용량** : 본품 적당량을 취해 피부에 사용한 후 물로 바로 깨끗이 씻어낸다.

③ **작용기전** : 살리실릭애씨드는 살균제로서 모공 속 여드름 박테리아의 살균 및 과각질을 제거하여 효과를 낸다.

④ **제조 허용 제형** : 클렌저만 가능하며, 클렌저로서 액제, 로션제, 크림제에 한함부직포 등에 침적된 상태는 제외함.

표 6-9 여드름성 피부를 완화하는 데 도움을 주는 제품의 성분 및 함량

순번	성분 명	함량
1	살리실릭애씨드	0.5%

(8) 피부장벽 문제로 인한 가려움 개선에 도움을 주는 화장품

화장품법 시행규칙 제2조제10호에 해당하는 것으로 피부장벽피부의 가장 바깥 쪽에 존재하는 각질층의 표피를 말한다의 기능을 회복하여 가려움 등의 개선에 도움을 주는 화장품을 말한다.

(9) 튼살 완화 기능성 화장품

화장품법 시행규칙 제2조제11호에 해당하는 것으로 튼살로 인한 붉은 선을 엷게 하는 데 도움을 주는 화장품을 말한다. 현재 이 항목의 기능성 화장품은 별도의 원료 기준이나 제조 기준 없이, 일반 화장품을 대상으로 식약처가 고시한 인체적용시험 가이드라인을 통과한 경우 허가를 신청할 수 있다.

Chapter 6

화장품 용기

1. 보틀 및 캡 용기

우리가 주변에서 흔하게 볼 수 있는 길쭉한 형태의 일반적인 용기들을 보틀이라고 하고, 내용물 토출구가 용기를 거꾸로 세워서 털듯이 사용하는 박킹으로 되어있는 경우 스크류 캡과 체결하여 완전한 형태의 보틀 용기를 이룬다.

토출 방식을 펌프나 디스펜서, 스프레이, 원터치 캡, 프레스 캡 등과 체결하여 사용 목적에 맞도록 다양하게 연출할 수 있다.

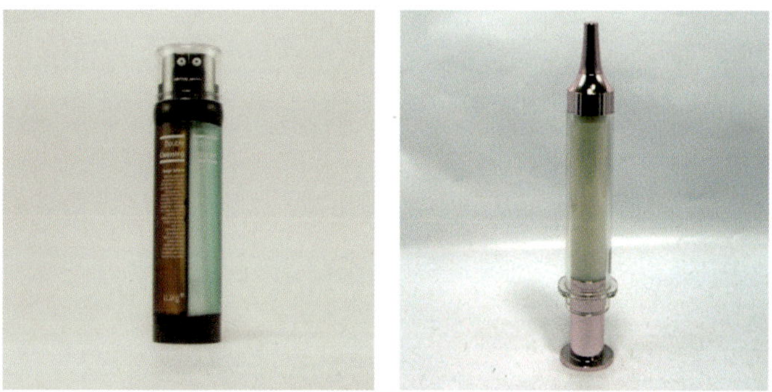

출처 : https://freemold.net/　　출처 : https://freemold.net/

그림 7-1　듀얼 채임버 및 주사기와 같이 특수 용기가 많은 사출 용기

출처 : https://freemold.net/ 출처 : https://freemold.net/

그림 7-2 하단에 직선으로 자투리를 커팅한 자국이 있는 다이렉트 브로우 용기

출처 : https://freemold.net/ 출처 : https://freemold.net/

그림 7-3 하단에 안쪽으로 움푹 들어간 핀홀 자국이 있는 인젝션 브로우 용기

출처 : https://freemold.net/ 출처 : https://freemold.net/

그림 7-4 플라스틱으로 유리처럼 보이는 효과를 내기 위해 두꺼운 두께를 가진 헤비 브로우 용기

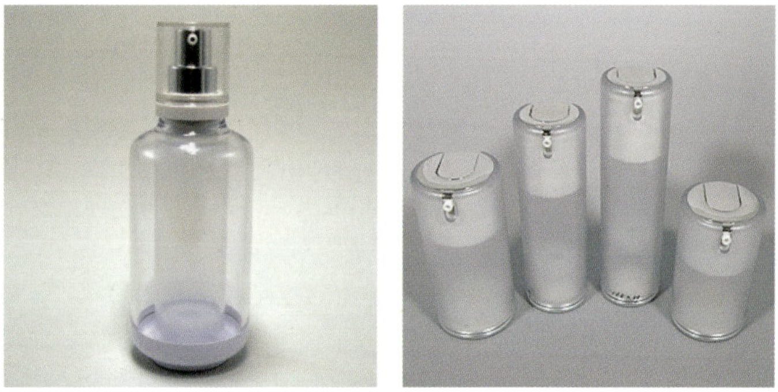

출처 : https://freemold.net/ 출처 : https://freemold.net/

그림 7-5 내부 공기압에 의해 내용물을 전부 사용할 수 있도록 설계된 에어리스 용기

출처 : https://freemold.net/ 출처 : https://freemold.net/

그림 7-6 유리로 만들어진 초자 용기

2. 자(jar) 용기

주로 점도가 높은 크림 내용물을 담는 용기로 캡을 열자마자 내용물이 즉시 보이고, 공기와 맞닿는 면이 넓어 최근에는 펌핑 타입의 에어리스 자 용기 등도 흔하게 이용되고 있다. 자 용기로 제품을 구성할 때는 위생적인 사용을 위하여 별도의 스파츌라 내용물을 떠서 바를 수 있게 된 스푼 형태의 플라스틱를 동봉하는 것이 좋다.

출처 : https://freemold.net/ 출처 : https://freemold.net/

그림 7-7 독특하고 화려한 모양이 많은 사출 크림 용기

출처 : https://freemold.net/ 출처 : https://freemold.net/

그림 7-8 크림 단용기

출처 : https://freemold.net/ 출처 : https://freemold.net/

그림 7-9 플라스틱으로 유리처럼 보이는 효과를 내기 위해 두꺼운 두께를 가진 헤비 브로우 크림 용기

출처 : https://freemold.net/ 출처 : https://freemold.net/

그림 7-10 내부 공기압에 의해 내용물을 전부 사용할 수 있도록 설계된 에어리스 크림 용기

출처 : https://freemold.net/ 출처 : https://freemold.net/

그림 7-11 유리로 만들어진 초자 크림 용기

3. 스틱 용기

고형의 밤 타입 내용물을 담는 스틱 용기는 하단부의 다이얼을 돌려 스크류 방식으로 내용물을 꺼내 직접 피부에 대고 바를 수 있다. 대표적으로 스틱 선크림, 스틱 파운데이션 등에 이용되고, 내용물 충진 방식에 따라 백 충진 타입과 프론트 충진 타입의 스틱 용기가 있다.

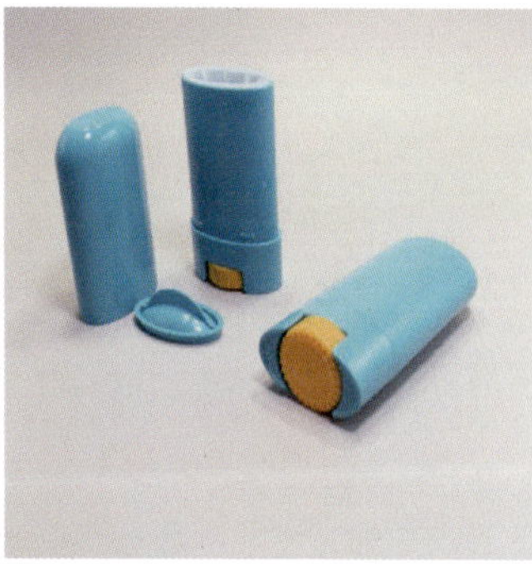

출처 : https://freemold.net/

출처 : https://freemold.net/

그림 7-12 스틱 용기

4. 튜브 용기

슬리브 하단부에 캡을 체결하여 손으로 짜서 사용하는 튜브 용기는 용량에 따라 원형 파이ø수로 구분된다. 모양은 원형 튜브와 장방형타원 튜브가 있고, 캡을 펌프로 체결할 수도 있다. 의약품 연고처럼 연출하기 위해 손으로 짜면 튜브가 찌그러지는 알루미늄 튜브와 오로지 펌프로만 토출되는 전체가 플라스틱 형태를 이루는 사출 튜브도 있다.

출처 : https://freemold.net/

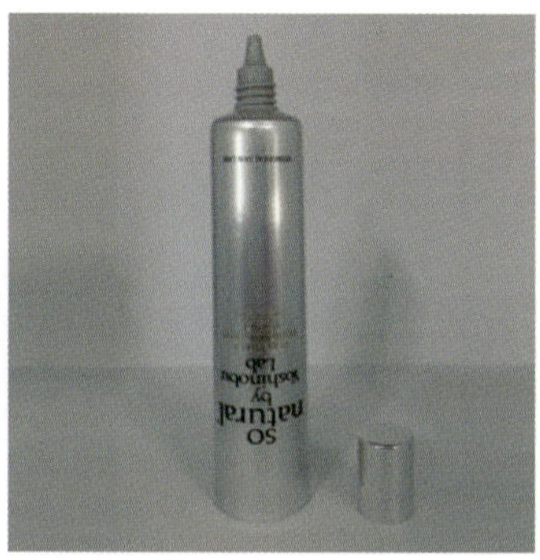

출처 : https://freemold.net/

그림 7-13 원형 튜브

출처 : https://freemold.net/　　출처 : https://freemold.net/

그림 7-14　장방형 튜브

출처 : https://freemold.net/　　출처 : https://freemold.net/

그림 7-15　펌프 튜브

출처 : https://freemold.net/　　출처 : https://freemold.net/

그림 7-16　알루미늄 튜브

출처 : https://freemold.net/

출처 : https://freemold.net/

그림 7-17 사출 튜브

5. 메이크업 용기

팩트, 섀도우, 라이너, 마스카라, 립스틱 등의 다양한 형태로 이루어진 메이크업 용기는 스킨케어 제품보다 더 특수하고 독특한 기능이 결합되어 만들어진다. 자석에 의해 열고 닫을 수 있는 립스틱 용기 등이 그 예이다.

출처 : https://freemold.net/

출처 : https://freemold.net/

그림 7-18 팩트 용기

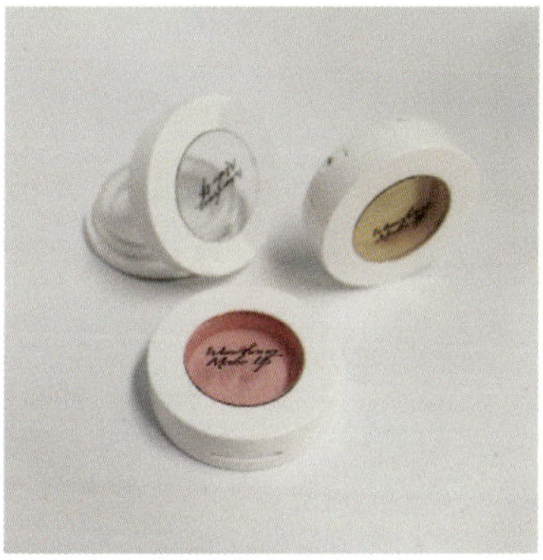

출처 : https://freemold.net/

출처 : https://freemold.net/

그림 7-19 섀도우 용기

출처 : https://freemold.net/

출처 : https://freemold.net/

그림 7-20 라이너 용기

출처 : https://freemold.net/

출처 : https://freemold.net/

그림 7-21 마스카라 용기

출처 : https://freemold.net/

출처 : https://freemold.net/

그림 7-22 립스틱 용기

Chapter 7 NCS 기반 화장품 품질보증

제조의 전 과정에서 품질을 보증하기 위하여 품질보증체계를 수립할 필요가 있고, 불량품 대책까지 세울 수 있어야 한다. 화장품 품질보증체계는 국내외 표준인 ISO 9000, ISO 14000, ISO 22716, CGMP 등에 관한 기반 지식이 요구된다. 그것을 토대로 품질매뉴얼을 제정하거나 개정할 수 있다.

화장품 제조에 있어서 모든 제조 과정의 결과가 양품으로만 나오는 것은 아니며, 시장 출하 이전에 불량품을 발견하게 되면 빠르게 대처가 가능하겠지만 고객에게 상품이 인도된 후에도 불량품은 발견될 수 있다. 우수화장품제조 및 품질관리기준CGMP에서는 적합판정을 만족시키지 못한 원료와 포장재, 벌크제품과 완제품을 '기준일탈 제품'으로 지칭한다.

그림 8-1 식품의약품안전처에서 인증하는 4가지 인증마크

표 8-1 화장품 관련 해외 인증 마크

순번	기관	국가	인증명	인증마크	인증기준
1	Environmental Working Group (EWG)	미국	EWG VERIFIED™		Skin Deep® 데이터베이스에서 녹색 등급 성분만 사용
2	Dermatest® GmbH	독일	Original DERMATEST® Seal		각종 유효성 평가와 1차 자극 시험 통과
3	ECOCERT	프랑스	ECOCERT COSMOS ORGANIC		95% 이상의 유기농 성분 함유
4	U.S. Department of Agriculture	미국	USDA Organic		미국유기농규정을 준수
5	BDIH	독일	BDIH Standard		규정을 준수한 경작지에서 얻어진 천연 성분 사용

1. (NCS 기반) 화장품 미생물 시험

화장품은 미생물 오염에 특히 취약하므로, 이를 방지하기 위하여 검액을 제조하고, 총 호기성 생균수 및 특정 세균 시험을 수행할 수 있어야 한다.

(1) 검액 제조

미생물 시험관리 규정에 따라 오염 없이 시험검체를 채취하여, 원료 및 제품의 특성과 종류에 맞게 전처리 방법을 설정하고 검액을 제조한다.

(2) 총 호기성 생균수 시험

화장품 유형 및 제형별 기준과 시험방법에 따라 세균수 및 진균수를 시험하고, 총 호기성 생균수를 측정한다. 미생물 한도 시험법에 따라 시판 배지는 배치마다 시험하며, 조제한 배지는 조제한 배치마다 시험하여 총 호기성 생균수용 시험 배지의 적합성을 검사한다. 페놀 화합물, 4급 암모늄 화합물, 알데하이드, 산화 화합물, 이소치아졸리논, 이미다졸, 비구아니드, 금속염 등을 포함하는 미생물 발육 저지 물질의 확인 시험을 수행하여야 한다.

(3) 특정 세균 시험하기

특정 세균 시험법에 따라 병원성 미생물인 대장균, 녹농균, 황색포도상구균을 시험할 수 있다. 특정 세균 시험 배지의 적합성을 시험하거나, 미생물 발육 저지 물질의 확인 시험을 수행하고 결과의 유효성을 확보하기 위하여 검체 중 보존제 등의 항균활성으로 인해 증식이 저해되지 않았음을 증명하는 등의 시험법 적합성을 확인하여야 한다.

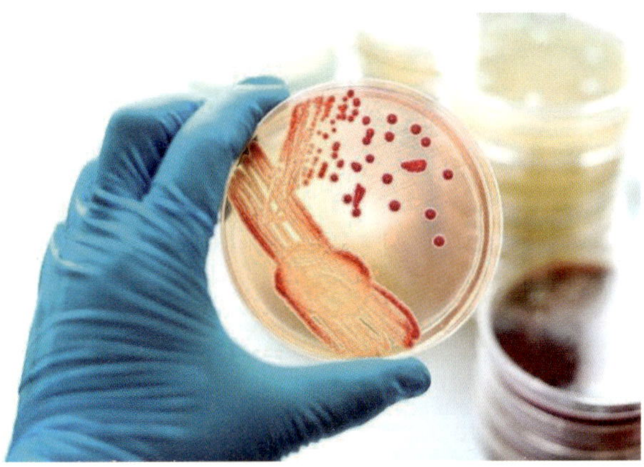

그림 8-2 미생물 시험

2. (NCS 기반) 화장품 안전성 시험

「화장품 안전관리 등에 관한 규정」에 의거하여 화장품에 사용할 수 없는 원료 및 사용상의 제한이 필요한 원료에 대하여 그 사용기준을 지정하고, 비의도적 검출 허용한도, 미생물한도, 내용량, pH, 기능성 화장품인 경우 주원료의 함량 및 심사받거나 보고한 기준 및 시험방법, 퍼머넌트웨이브 및 헤어스트레이트너 제품인 경우 개별 기준 항목이 명시된 「유통화장품 안전관리 기준」에 관한 사항을 정함으로써 화장품의 제조 또는 수입 및 안전관리에 적정을 기하여야 한다.

(1) 화장품에 사용할 수 없는 원료 시험

국민에게 안전한 화장품을 공급하고, 업계 및 품질검사기관의 분석능력 향상에 기여하고자 화장품에서 사용할 수 없는 성분에 대한 분석방법을 정한 것을 말한다.

(2) 화장품에 사용상의 제한이 필요한 원료 시험

화장품 업계 및 관련 검사기관에서의 품질관리에 도움을 주고, 유해물질 관리 능력을 향상시켜 화장품의 안전관리에 만전을 기여하고자 배합한도 물질에 대한 분석법을 제시한 것이다.

(3) 위해평가방법 파악

위해도란 위험한 정도를 숫자로 표현한 지표를 말하는데, 인체가 화장품 사용으로 유해요소에 노출되었을 때 발생할 수 있는 위해 영향과 발생확률을 과학적으로 예측하는 일련의 과정으로, 위험성 확인, 위험성 결정, 노출평가, 위해도 결정 등의 4단계로 이루어진다. 위해 평가에는 다음 사항을 고려하여야 한다.

① 잠재적 민감 집단 등 다양한 계층

② **특수한 생애 단계** : 영유아 및 어린이의 경우 필요시 성인과 다른 신체 발달 수준을 고려

③ 연령, 성별 등 개인간의 다양성

3. (NCS 기반) 화장품 관능검사

인간의 오감五感에 의하여 평가하는 제품검사를 말한다. 관능검사에는 좋고 싫음을 주관적으로 판단하는 기호형과, 표준품 및 한도품 등 기준과 비교하여 합격품, 불량품을 객관적으로 평가, 선별하거나, 사람의 식별력 등을 조사하는 분석형의 두 가지 종류가 있다. 관능검사에 사용되는 표준품의 종류는 다음과 같다.

① **제품 표준견본** : 완성제품의 개별포장에 관한 표준
② **제품색조 표준견본** : 제품내용물 색조에 관한 표준
③ **제품내용물 표준견본** : 외관, 성상, 냄새, 사용감에 관한 표준
④ **레벨 부착 위치견본** : 완성제품, 레벨 부착위치에 관한 표준
⑤ **충전 위치견본** : 내용물을 제품용기에 충전할 때의 액면위치에 관한 표준
⑥ **원료색조 표준견본** : 착색제의 색조에 관한 표준
⑦ **원료 표준견본** : 외관, 색, 성상, 냄새 등에 관한 표준
⑧ **향료 표준견본** : 향, 색조, 외관 등에 관한 표준
⑨ **용기·포장재 표준견본** : 용기·포장재의 검사에 관한 표준
⑩ **용기·포장재 한도견본** : 용기·포장재 외관검사에 사용하는 합격품 한도를 나타내는 표준

(1) 외관 · 색상 검사

제형의 외관과 색상이 표준품과 일치하는지 시각으로 확인하는 검사이다. 관능검사 시험관리 규정에 따라 외관 · 색상을 검사하기 위한 표준품을 선정하고 보관 · 관리한다. 관능검사 시험 절차에 따라 원자재 시험검체와 제품의 공정 단계별 시험검체를 채취하고 각각의 기준과 평가척도를 파악하여 외관 · 색상 시험방법에 따라 시험하고 적합유무를 판정하여 기록 · 관리하여야 한다.

(2) 향취 검사하기

제형의 향취가 표준품과 일치하는지 후각으로 확인하는 검사이다.

(3) 사용감 검사

원자재나 제품을 사용할 때 피부에서 느끼는 감각으로 매끄럽게 발리거나 바른 후 가볍거나 무거운 느낌, 밀착감, 청량감 등을 말한다.

그림 8-3 화장품 관능검사를 위한 갱 서베이(gang survey) : 피시험자 모집 후 동시에 실시

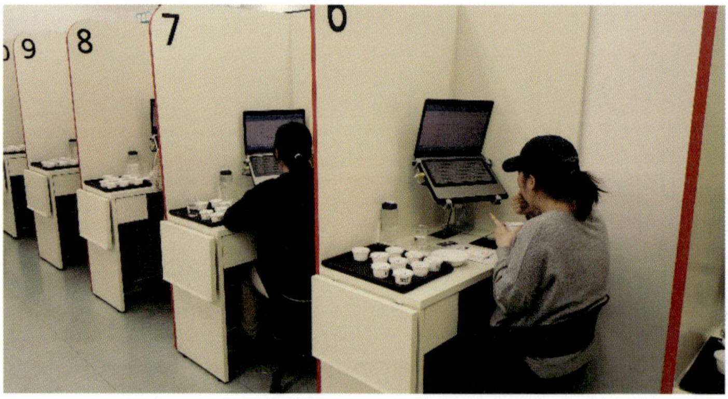

그림 8-4 화장품 관능평가를 위한 1:1 독립 서베이 :
타인과 상의하지 않고 오롯이 개인의 주관에 의해서만 평가를 실시

Chapter 8

화장품 표시문구 및 광고문구

화장품 완제품에는 화장품법에 따라 의무적으로 표시해야될 필수 문구와 소비자를 허위, 과대 광고로부터 보호하기 위해 광고문구에 제한을 둔 가이드라인이 존재한다.

1. 화장품 표시문구

화장품 표시문구에는 화장품 내용물이 직접적으로 닿는 용기에 필수로 기재해야 하는 1차 포장 표시문구와 단상자나 기타 포장재에 필수로 기재해야 하는 2차 포장 표시문구가 있다. 별도의 2차 포장 없이 화장품 용기 상태로 판매할 경우 화장품 표시문구는 1차 포장재인 용기에 모두 기재되어야 한다. 2차 포장이 있을 경우, 표시문구 중 일부를 용기와 단상자에 나누어 기재할 수 있다.

그림 9-1 1차 포장재인 용기에 기재된 표시 문구

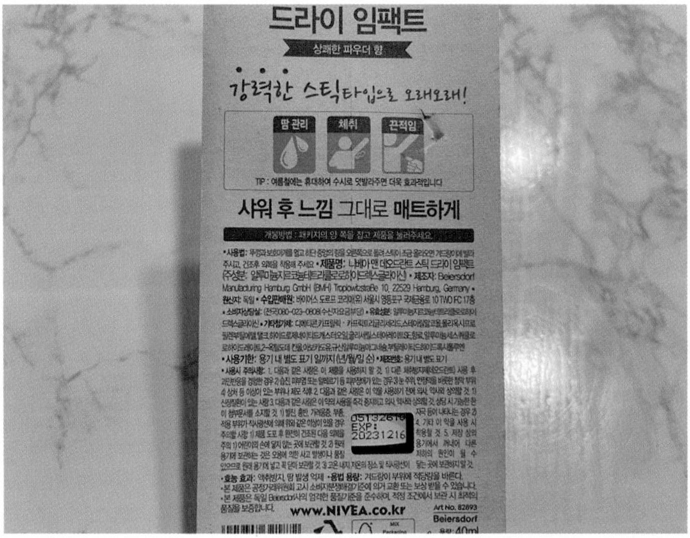

그림 9-2 2차 포장재인 단상자에 기재된 표시문구

(1) 표시문구 기준

① **화장품의 명칭**제품명 : 다른 제품과 구별할 수 있도록 표시된 것으로서 타사의 여러 제품에서 공통으로 사용하는 일반 명칭도 가능하다.

② 화장품제조업자 및 화장품판매업자의 상호 및 주소

③ **화장품 제조에 사용된 모든 성분** : 글자의 크기는 5포인트 이상으로 제조에 사용된 함량이 많은 것부터 기재·표시한다. 단, 1% 이하로 사용된 성분, 착향제 또는 착색제는 순서에 상관없이 기재·표시할 수 있다. 혼합원료는 혼합된 개별 성분의 명칭을 기재·표시한다. 색조 화장용 제품류, 눈 화장용 제품류, 두발염색용 제품류 또는 손발톱용 제품류에서 호수별로 착색제가 다르게 사용된 경우 '± 또는 +/−'의 표시 다음에 사용된 모든 착색제 성분을 함께 기재·표시할 수 있다. 착향제는 "향료"로 표시할 수 있다. 다만, 식품의약품안전처장은 착향제의 구성 성분 중 알레르기 유발물질로 알려진 성분이 있는 경우에는 해당 성분의 명칭을 기재·표시하도록 권장할 수 있다. 산성도pH 조절 목적으로 사용되는 성분은 그 성분을 표시하는 대신 중화반응에 따른 생성물로 기재·표시할 수 있다. 제조에 사용된 성분명을 제품 명칭의 일부로 사용한 경우 그 함량도 기재하여야 한다.

④ **내용물의 용량 또는 중량** : 용기 및 포장재의 무게가 포함되지 않은 화장품 내용물의 순수 용량 또는 중량을 기재·표시해야 한다.

⑤ 제조번호

⑥ 사용기한 또는 개봉 후 사용기간

⑦ 기능성 화장품일 경우

- “기능성 화장품” 단어 기재 · 표시
- 효능 · 효과, 용법 · 용량

⑧ 식품의약품안전처장이 정하는 바코드

⑨ 인체 세포·조직 배양액이 들어있는 경우 그 함량

⑩ 화장품에 천연 또는 유기농으로 표시·광고하려는 경우에는 원료의 함량

⑪ 수입 화장품인 경우에는 제조국의 명칭 원산지를 표시한 경우, 제조국 명칭 생략 가능, 제조회사명 및 그 소재지

그림 9-3 단상자 라벨 : 해외 브랜드는 완제품 형태로 제품을 수입하므로 별도의 라벨을 부착하여 법에 의한 표시문구를 준수하고 있다.

⑫ 화장품법 시행규칙 제2조제8호부터 제11호까지에 해당하는 기능성 화장품의 경우에는 “질병의 예방 및 치료를 위한 의약품이 아님”이라는 문구

⑬ **사용기준이 지정·고시된 원료 중 보존제의 함량** : 영·유아용 제품, 어린이용 제품만 13세 이하의 어린이를 대상으로 생산된 제품 임을 특정하여 표시·광고하려고 할 때 해당한다.

⑭ **사용 시의 주의사항** : 아래 내용은 예외 없이, 모든 화장품의 공통 사용 시의 주의사항이다.

- 화장품 사용 시 또는 사용 후 직사광선에 의하여 사용부위가 붉은 반점, 부어오름 또는 가려움증 등의 이상 증상이나 부작용이 있는 경우 전문의 등과 상담할 것
- 상처가 있는 부위 등에는 사용을 자제할 것
- 보관 및 취급 시의 주의사항

  가) 어린이의 손이 닿지 않는 곳에 보관할 것

  나) 직사광선을 피해서 보관할 것

(2) 표시를 생략할 수 있는 성분

① 제조과정 중에 제거되어 최종 제품에는 남아 있지 않은 성분

② 안정화제, 보존제 등 원료 자체에 들어 있는 부수 성분으로서 그 효과가 나타나게 하는 양보다 적은 양이 들어 있는 성분

③ 용량이 10 ml 초과 50 ml 이하 또는 중량이 10 g 초과 50 g 이하일 때, 아래 성분들은 필수로 표시하되, 다른 성분은 생략 가능

> 타르색소, 금박, 샴푸와 린스에 들어 있는 인산염의 종류, 과일산(AHA), 기능성 화장품의 경우 그 효능·효과가 나타나게 하는 원료, 식품의약품안전처장이 배합 한도를 고시한 화장품의 원료

(3) 표시 주의사항

① 한글로 읽기 쉽도록 기재·표시할 것

② 한자 또는 외국어를 함께 적을 수 있고, 수출용 제품 등의 경우에는 그 수출 대상국의 언어로 작성 가능

③ 화장품의 성분은 표준화된 일반명칭(대한화장품협회 성분사전 참고)을 사용할 것

2. 화장품 광고문구

화장품의 사용은 질병의 치료나 예방을 위한 목적이 아니므로 의약품으로 오인되지 않기 위하여 광고문구에 많은 제약이 따른다.

그림 9-4 연예인 화장품 광고

모든 화장품 광고문구는 소비자 보호를 위하여 그 표현에 제한이 따른다.

광고문구 준수사항

① 의약품으로 잘못 인식할 우려가 있는 내용

② 기능성 화장품, 천연 화장품 또는 유기농 화장품이 아님에도 불구하고 제품의 명칭, 제조방법, 효능·효과 등에 관하여 기능성 화장품, 천연 화장품 또는 유기농 화장품으로 잘못 인식할 우려가 있는 내용

③ 의사·치과의사·한의사·약사·의료기관·연구기관 또는 그 밖의 자가 이를 지정·공인·추천·지도·연구·개발 또는 사용하고 있다는 내용이나 이를 암시하는 등의 내용

④ 외국제품을 국내제품으로 또는 국내제품을 외국제품으로 잘못 인식할 우려가 있는 내용

⑤ 외국과의 기술제휴를 하지 않고 외국과의 기술제휴 등을 표현하는 내용

⑥ 경쟁상품과 비교하는 표시·광고는 비교 대상 및 기준을 분명히 밝히고 객관적으로 확인될 수 있는 사항만을 표시·광고하여야 하며, 배타성을 띤 '최고' 또는 '최상' 등의 내용

⑦ 사실과 다르거나 부분적으로 사실이라고 하더라도 전체적으로 보아 소비자가 잘못 인식할 우려가 있는 표시·광고 또는 소비자를 속이거나 소비자가 속을 우려가 있는 내용

⑧ 품질·효능 등에 관하여 객관적으로 확인될 수 없거나 확인되지 않았는데도 불구하고 이를 광고하거나 화장품의 범위를 벗어나는 내용

⑨ 저속하거나 혐오감을 주는 표현·도안·사진 등을 이용하는 내용

⑩ 국제적 멸종위기종의 가공품이 함유된 화장품임을 표현하거나 암시하는 내용

⑪ 사실 유무와 관계없이 다른 제품을 비방하거나 비방한다고 의심이 되는 내용

PART Ⅱ

화장품 제조 실습

Chapter 9

화장품 제조 실습 준비

1. 화장품 제조 실습 시 유의사항

화장품 제조 실습에 앞서 실습자는 다음과 같은 자세를 갖추고, 적합한 장비와 도구를 준비하였는지 점검한 다음 실습에 임하도록 한다. 실습을 진행하는 동안에는 안전을 위하여 잡담이나 과격한 행동을 삼가며, 감독자의 지시에 순응하도록 한다. 모든 실습이 끝나면, 주변 정리를 철저히 하여 다음 실습자의 장비 사용에 문제가 없도록 배려한다.

2. 실습자의 바람직한 5가지 자세

① 첫째, 원료 취급 시 안전사항에 대한 준수 의지

② 둘째, 규정과 절차 준수에 대한 의지

③ 셋째, 정확한 실험 진행 및 결과 도출에 대한 의지

④ 넷째, 설비 작동에 대한 세밀한 검토 의지

⑤ 다섯째, 실시간 기록에 대한 의지

3. 점검 사항

(1) 제조 실습 전 점검사항

① 청결과 위생에 맞는 복장을 준수하였는가

② 제조하고자 하는 화장품의 종류 및 특성을 파악하고 해당 제품의 제조설비 운용법을 습득하였는가

③ 사용될 원료의 종류 및 취급 시 유의사항을 확인하였는가

④ 제조지시 및 공정기록서에서 제조 시 주의사항 및 기록사항을 점검하였는가

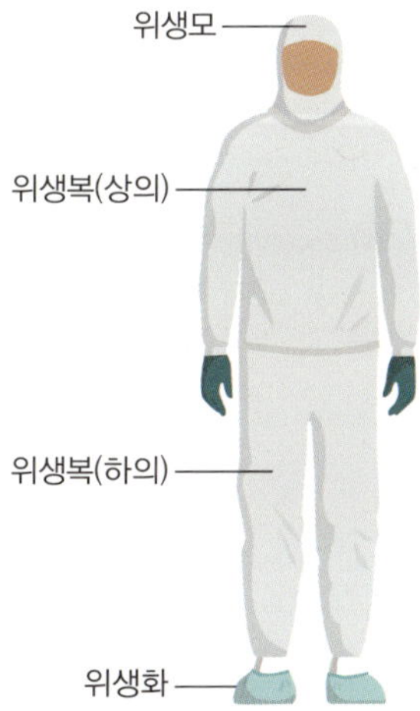

그림 5-1 화장품 제조 시설 입장 시 필요한 위생복장

(2) 제조 실습 중 점검사항

원료 및 제조설비를 이용하여 제조지시서에 따라 각 화장품을 제조하고 공정 작업결과를 기록하였는가

(3) 제조 실습 후 점검사항

① 제조된 화장품의 물성, pH, 미생물 한도 등을 측정하고 규격에 적합여부를 판단하였는가

② 사용한 기자재를 청결히 정리하였는가

4. 장비와 도구 확인

제조하고자 하는 화장품에 적합한 원료, 장비와 도구 등에 이상이 없는지 확인한다.

① **화장품 원료** : 정제수, 오일, 계면활성제, 각종 추출물 등

② **칭량설비** : 전자저울, 칭량 용기 등

③ 가용화용, 유화용, 분산용 제조설비 등

④ 위생복, 안전화, 안전모, 기타 안전장비 등

⑤ 온도계, 속도계 등

⑥ 비커, 스파출라 등 시료채취용 도구

⑦ **사무기기** : 컴퓨터, 프린터, 계산기, 복사기, 프로젝터, 칠판 등

⑧ **사무용 소프트웨어** : 문서 작성, 스프레드시트, 프레젠테이션, 그래픽 프로그램 등

Chapter 10

기초 화장품

1. 세안제 제조

1. 세안제 제조 원리

세안제의 제조 방법은 고급 지방산 비누계 원료에 고급 알코올, 라놀린 등의 과지방제와 글리세린 등의 보습제를 배합하여 우수한 세정력을 발휘하고 세안후의 당기는 느낌이 없는 제품으로 제조할 수 있으며, 피부세정용 화장품에 주로 쓰이는 계면활성제는 세정력과 거품형성 능력이 우수한 음이온 계면활성제가 주로 이용된다.

아미노산 계면활성제를 주성분으로 한 약산성 세안제 제품은 기포력이 약한 단점이 있으나 자극이 적은 장점이 있다.

2. 세안제의 일반적 제조 공정

① 유상 : 고급 지방산, 펄제, 비이온성 계면활성제, 유연제, 방부제–가열, 용해70~75℃

② 수상 : 정제수, 보습제, 중화제, chelate제, 첨가제, –가온 용해70~75℃

③ 유상, 수상 혼합 교반

④ 향료, 약제, 색소 혼합 교반

⑤ 탈포 - 여과 – 냉각 - 배출

3. 천연 세안화장품 제조 실습

(1) 클렌징 오일 제조100g

① 유상층 : 녹차씨 오일 40g, 헤이즐넛 오일 40g, 올리브리퀴드 혹은 솔베스-30가용화제 10g

② **첨가물** : 비타민 E항산화제 1g

③ **아로마 오일** : 스윗오렌지 E.O. 3방울, 라벤더 E.O. 3방울

- 유리비커를 저울에 올려놓고 오일을 계량한 다음 주걱으로 저어준다.
- 올리브리퀴드, 비타민 E를 넣고 섞어준다.
- 아로마 오일을 계량한 다음 섞어준다.
- 숙성한 다음 사용한다.

(2) 클렌징 로션 제조100g

| 클렌징 오일 제조 방법 |

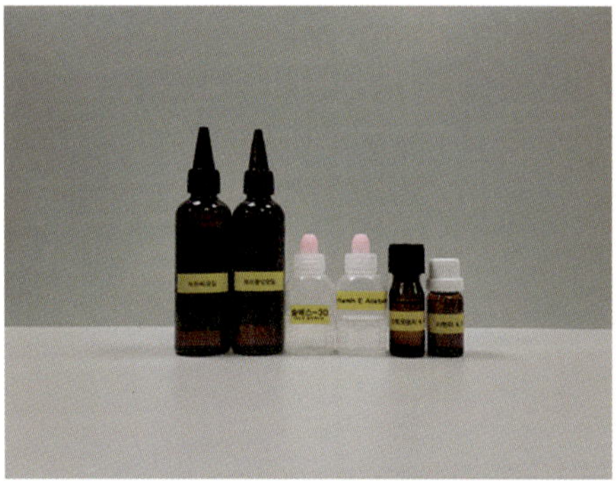

1. 원료를 준비하고 사용할 기구를 에탄올로 소독한다.

2. 유리비커를 저울에 올려놓고 녹차씨 오일을 계량한다.

3. 헤이즐넛 오일을 계량한다.

4. 주걱으로 잘 저어준다.

5. 솔베스-30 (가용화제)을 계량한다.

6. 비타민 E를 계량하고 섞어준다.

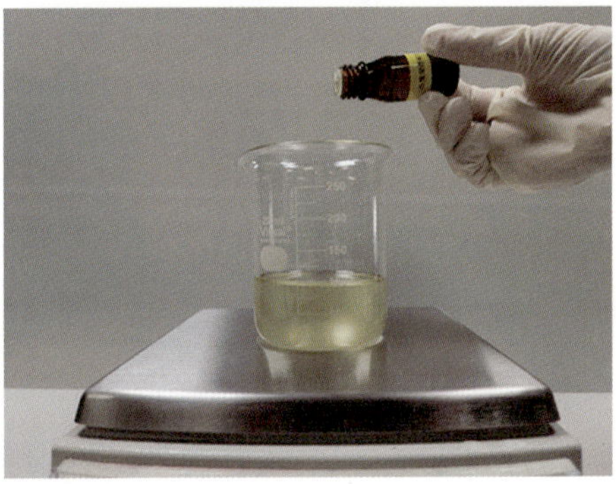

7. 아로마 오일을 계량한 후 섞어준다.

8. 완성된 클렌징 오일을 용기에 담는다(숙성 후 사용).

① 유상층 : 녹차씨 오일10g, 살구씨 오일 10g, 호호바 오일 10g

② 유화제 : 올리브유화왁스4g, 세테아르알코올 2g

③ 수상층 : 정제수 53g, 잔탄검 점도 0.3g, 글리세린 보습 3g

④ 첨가물 : 비타민 E 1g, 알란토인 1g, 판테놀 2g, 콜라겐 3g, 나프리 or 내츄로-NP3 방부제 1g

⑤ 아로마 오일 : 라벤더 E.O 3방울, 레몬 E.O. 3방울

- 유리비커를 저울에 올려놓고 유상층+유화제를 계량한다.
- 다른 비커에 글리세린과 잔탄검을 계량한 다음 주걱으로 으깨듯 저어준다. 정제수를 부어 호모믹서 주걱사용 가능로 섞어준다. 잔탄검이 부풀면서 점성이 생긴다 수상층.
- 유상과 수상을 핫플레이트에 올린 다음 70~75℃까지 가열한다.

- 유상과 수상을 한 곳에 섞어준 다음, 호모믹서로 3~5분 유화한다 핸드블렌더 1~2분 대체 가능. 온도가 50~55℃ 정도로 내려가면 약간의 점도가 생긴다.
- 첨가물을 순서대로 계량하고 섞어준다.
- 아로마 오일을 계량한 다음 섞어준다.

클렌징 로션 제조 방법

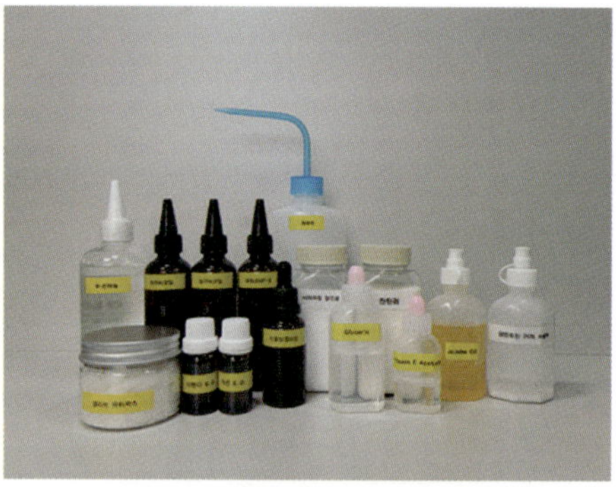

1. 원료를 준비하고 사용할 기구를 에탄올로 소독한다.

2. 유리비커를 저울에 올려놓고 녹차씨 오일(유상층)을 계량한다.

3. 살구씨 오일(유상층)을 계량한다.

4. 호호바 오일(유상층)을 계량한다.

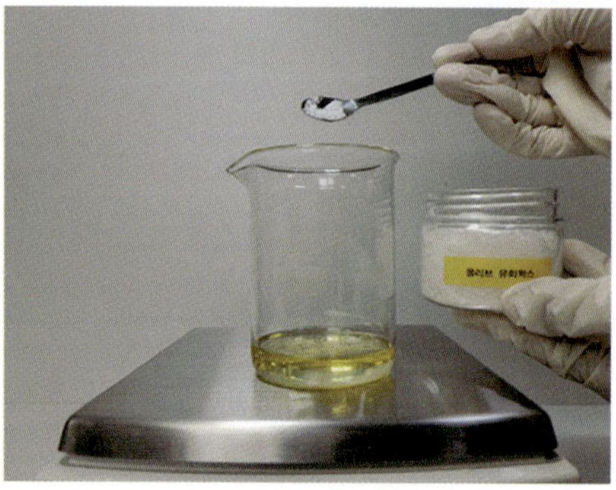

5. 올리브유화왁스(유화제)를 계량한다.

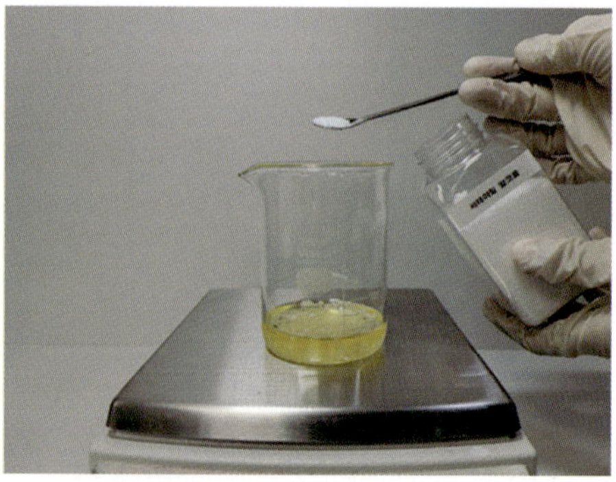

6. 세테아르알코올을 계량한다.

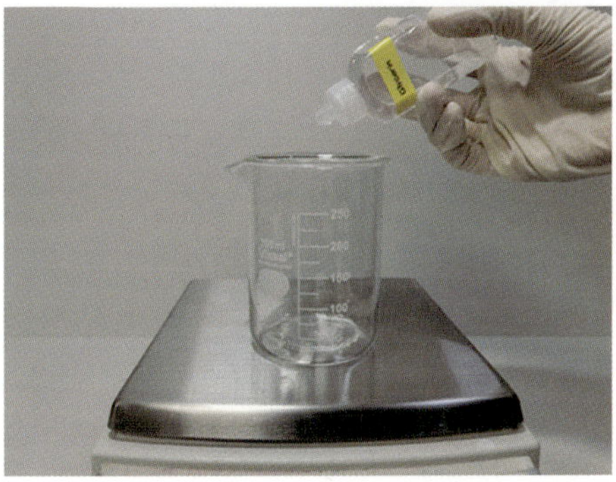

7. 다른 비커에 글리세린(수상층)을 계량한다.

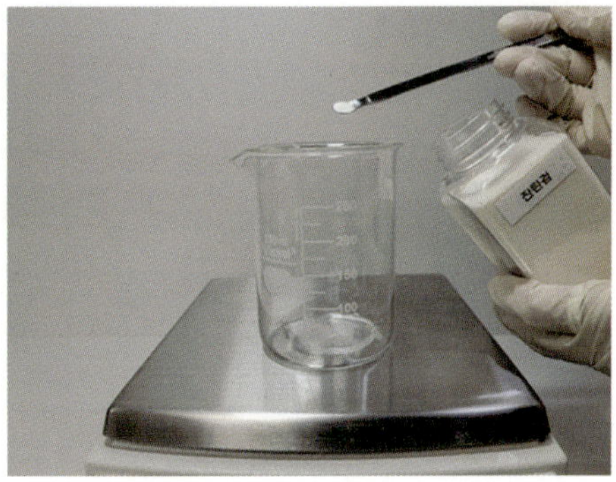

8. 글리세린을 계량한 비커에 잔탄검(수상층)을 계량한다

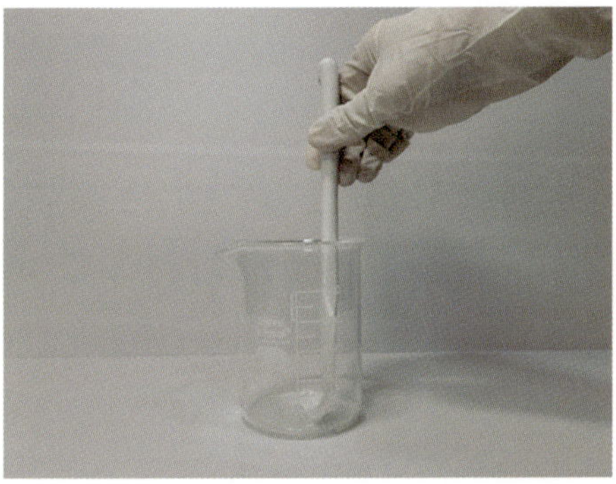

9. 글리세린+잔탄검(수상층)을 주걱으로 으깨듯 저어 준다.

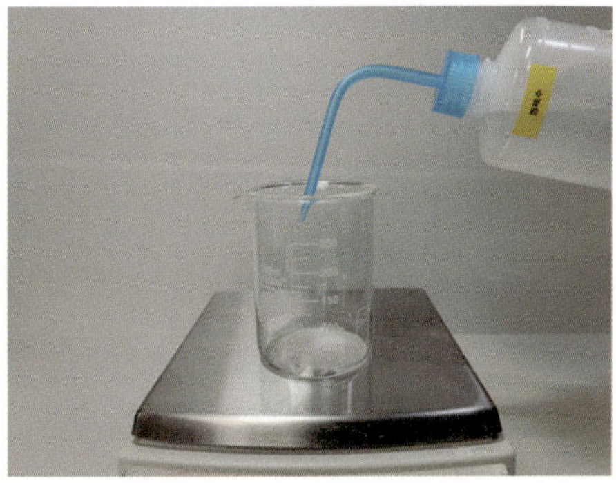

10. 글리세린+잔탄검(수상층)을 섞은 비커에 정제수를 붓는다.

11. 호모 믹서를 이용하여 교반한다(주걱 사용 가능). 잔탄검이 부풀면서 점성이 생긴다.

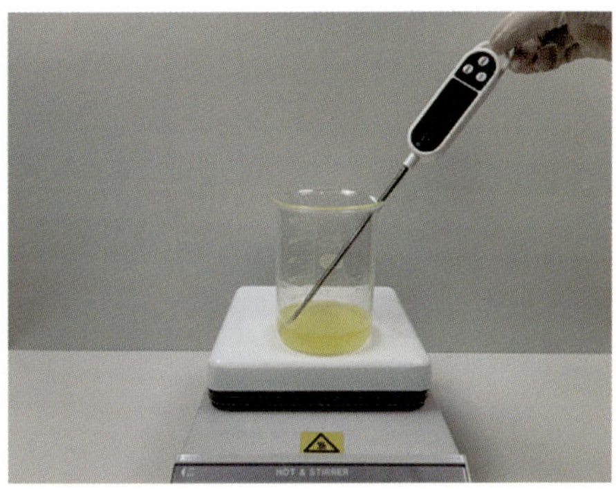

12. 유상층이 들어있는 비커를 핫 플레이트에 올린 다음 70~75℃까지 가열한다.

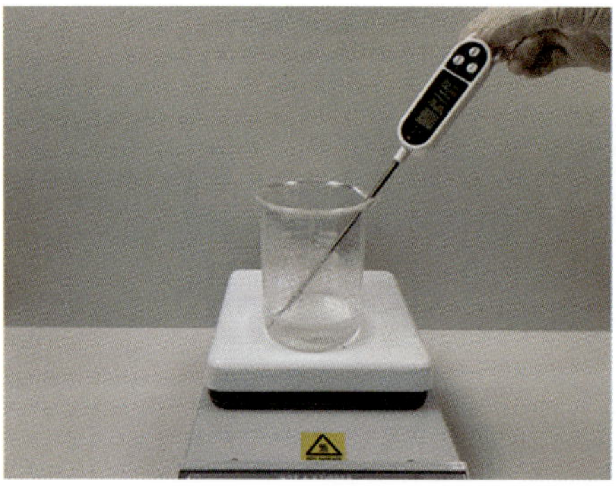

13. 수상층이 들어있는 비커를 핫 플레이트에 올린 다음 70~75℃까지 가열한다.

14. 유상층과 수상층을 한 곳에 섞어준다.

15. 유상층과 수상층을 호모믹서로 3분 정도 유화한다(핸드블렌더 1~2분 대체 가능).

16. 온도가 50~55℃ 정도로 내려가면 비타민 E(첨가물)를 계량하여 넣는다.

17. 온도가 50~55℃ 정도로 내려가면 알라토인(첨가물)을 계량하여 넣는다.

18. 온도가 50~55℃ 정도로 내려가면 판테놀(첨가물)을 계량하여 넣는다.

19. 온도가 50~55℃ 정도로 내려가면 콜라겐(첨가물)을 계량하여 넣는다.

20. 온도가 50~55℃ 정도로 내려가면 내츄로-NP3(첨가물) 1g을 계량하여 넣는다.

21. 아로마 오일(라벤더, 레몬)을 계량하여 넣는다.

22. 호모믹서로 3분 정도 교반한다(핸드브랜더, 주걱사용 가능).

23. 완성된 클렌징 로션을 용기에 담는다.

(3) 클렌징 폼 제조150g

① **계면활성제** : 엘판84 or 코카미도프로필베타인 3g, 애플워시10% 적용 15g, 정제수 110g

② **첨가물** : 나노유황 2방울, 레몬머틀 추출물 5g, 병풀 추출물 5g, 알란토인 액상 3g, 글리세린 5g, 내추로-NP 3 방부제 3g

③ **아로마 오일** : 티트리 E.O. 10방울, 레몬 E.O. 5방울

- 비커를 저울에 올려놓고 정제수와 코카미도프로필베타인을 계량한 다음 핫플레이트에 올려 녹여준다.
- 애플워시를 계량한 다음 저어준다.
- 첨가물을 순서대로 첨가하고 잘 섞어준다.
- 아로마 오일을 첨가하여 섞어준다.
- 지성이나 두꺼운 메이크업은 코카미도프로필베타인과 애플워시의 용량을 조금씩 조절한다.

클렌징 폼 제조 방법

1. 원료를 준비하고 사용할 기구를 에탄올로 소독한다.

2. 유리비커를 저울에 올려놓고 정제수 110g을 계량하여 넣는다.

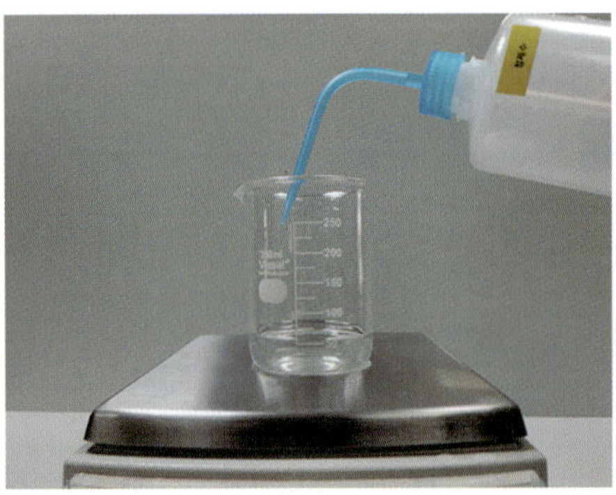

3. 코카미도프로필베타인 3g을 계량하여 넣는다.

4. 정제수와 코카미도프로필베타인을 핫플레이트에 올려 녹여준다.

5. 애플워시 15g을 계량 후 첨가한 다음 잘 저어준다.

6. 나노유황(첨가물) 2방울을 계량하여 넣는다.

7. 레몬머틀 추출물(첨가물) 5g을 계량하여 넣는다.

8. 병풀 추출물(첨가물) 3g을 계량하여 넣는다.

9. 알란토인 액상(첨가물) 3g을 계량하여 넣는다.

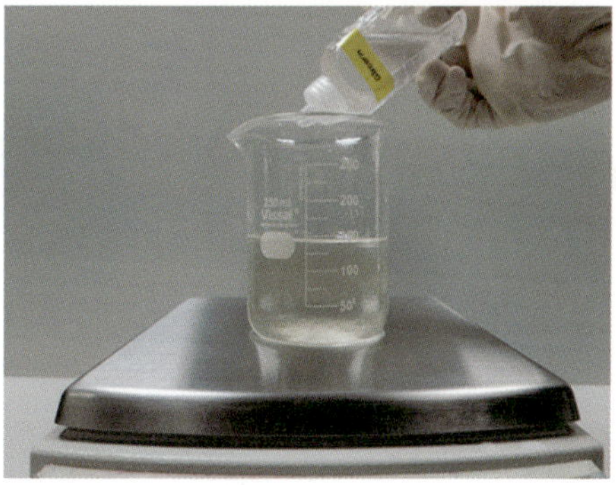

10. 글리세린(첨가물) 5g을 계량하여 넣는다.

11. 내츄로-NP3 (첨가물) 3g을 계량하여 넣는다.

12. 아로마 오일(티트리 10방울, 레몬 5방울)을 넣어 섞어준다.

13. 완성된 클렌징 폼을 용기에 담는다.

4. 수행평가(포트폴리오)

(1) 세안 화장품의 제조 실습 과정을 설명하세요.

Note

(2) 세안 화장품 사용하기 포트폴리오 수행활동

(3) 세안 화장품 사용법을 서술하세요.

(4) 세안 화장품의 주요 성분을 서술하세요.

2 화장수 제조

1. 화장수 제조 원리

화장수를 제조하는 방법은 가용화의 원리를 이용한다. 정제수에 수성성분을 용해하여 수상을 만든 뒤 물에 용해시키기 어려운 성분인 유연제, 보존제, 향료 등을 계면활성제와 함께 에탄올에 용해하여 알코올상을 만든 다음, 수상과 알코올상을 서서히 첨가하면서 혼합, 교반의 과정을 거쳐 제조한다.

알코올에 민감한 피부를 위해 무알코올 화장수를 제조할 때에는 알코올의 역할을 보습제가 대신할 수 있다. 향료 등의 난용성 성분과 가용화제를 알코올 대신 보습제에 용해한 뒤 수상에 혼합하여 제조할 수 있다.

2. 화장수의 일반적 제조 공정

① **수상** : 정제수, 보습제, 완충제, 퇴색방지제 교반

② **알코올상** : 에탄올, 방부제, 향료, 가용화제, 유연제 교반

③ 수상, 알코올상 혼합 교반

④ TEA, 색소 혼합 교반

⑤ 여과 - 저장

3. 천연 화장수 화장품 제조 실습

(1) 유연 화장수수상 제조100g

① **수상층** : 로즈워터 86g피부 유형에 맞는 워터로 대체 가능

② **첨가물** : 히알루론산 액상 2g, 베타글루칸 2g, 세라마이드 수용성 3g, 핑거라임 추출물 5g, 나프리 or 내츄로-NP3 2g

- 로즈워터를 계량한다.
- 첨가물을 순서대로 첨가하고 섞어준다.

• 용기에 담는다.

– 수상으로만 이루어진 유연 화장수로 건성, 노화피부타입에 용이하다.

유연 화장수 제조 방법

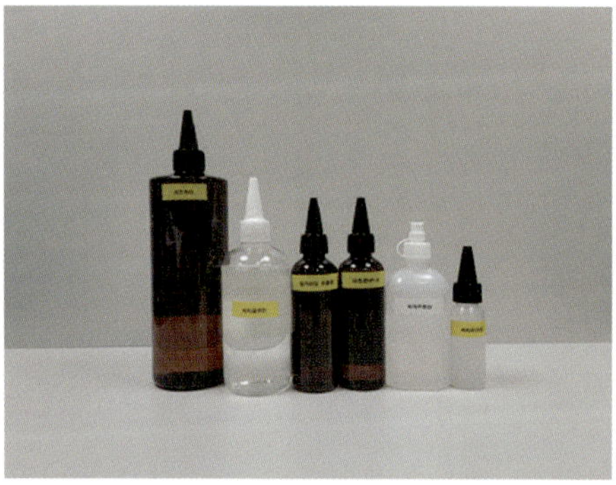

1. 원료를 준비하고 사용할 물품(비커 등)을 에탄올로 소독한다.

2. 로즈워터(수상층) 86g을 계량하여 넣는다.

3. 히알루론산(첨가물) 2g을 계량하여 넣는다.

4. 베타글루칸(첨가물) 2g을 계량하여 넣는다.

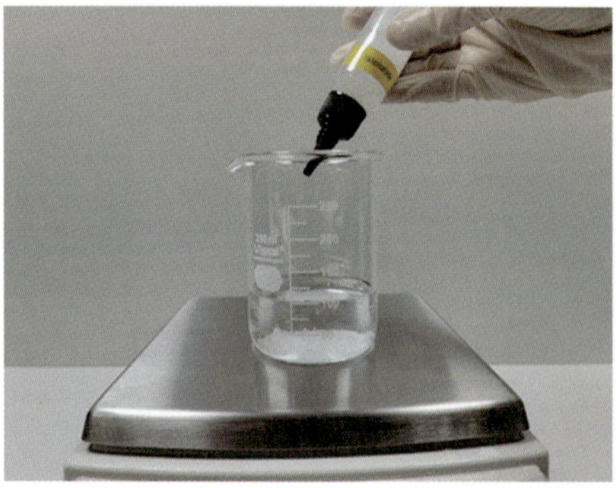

5. 세라마이드 수용성(첨가물) 3g을 계량하여 넣는다.

6. 핑거라임 추출물(첨가물) 2g을 계량하고 섞어준다.

7. 내츄로-NP3 (방부제) 2g을 계량하여 넣는다.

8. 주걱을 사용하여 섞어준다.

9. 완성된 클렌징 폼을 용기에 담는다.

(2) 수렴 화장수 제조 100g

① **가용화제** : 솔루빌라이저 1.5g 오일의 2배 or 올리브리퀴드 1.5g

② **수상층** : 라벤더워터 50g, 카모마일워터 40g

③ **첨가물** : 어성초 추출물 1g, 녹차 추출물 1g, 내츄로-NP 3 2g

④ **아로마 오일** : 티트리 E.O 3방울, 라벤더 E.O. 5방울 2% 이내

- 유리비커를 저울에 올려놓고 플로럴워터를 계량한다.
- 첨가물을 순서대로 첨가하고 섞어준다.
- 다른 비커에 가용화제와 유상층 아로마 오일을 계량하고 섞어준다.
- 수상층에 유상층을 혼합하여 잘 섞어준다.
- 용기에 담는다.
- 수렴 화장수로 지성 및 여드름피부 타입에 용이하다.

수렴 화장수 제조 방법

1. 원료를 준비하고 사용할 물품(비커 등)을 에탄올로 소독한다.

2. 유리비커를 저울에 올려놓고 라벤더워터(수상층) 50g을 계량하여 넣는다.

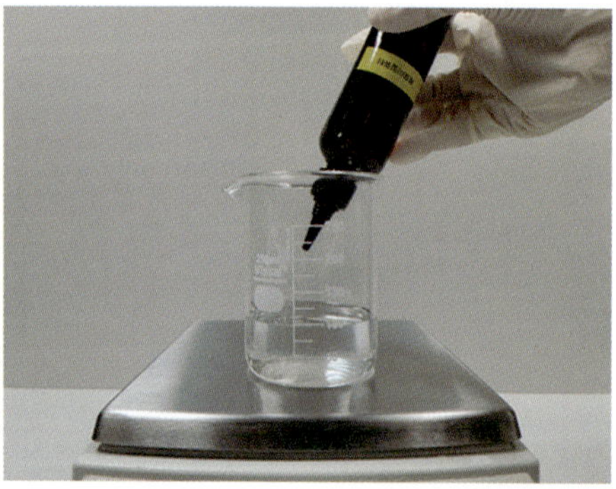

3. 카모마일워터(수상층) 40g을 계량하여 첨가한다.

4. 어성초 추출물(첨가물) 1g을 계량하여 첨가한다.

5. 녹차 추출물(첨가물) 1g을 계량하여 첨가한다.

6. 내츄로-NP 3(방부제) 2g을 계량하여 첨가한다.

7. 다른 비커에 솔루빌라이저1.5g or 올리브리퀴드 1.5g(가용화제)을 계량하여 넣는다.

8. 아로마 오일(티트리 3방울, 라벤더 5방울)을 첨가하여 섞어준다.

9. 수상층에 유상층을 혼합한다.

10. 주걱을 사용하여 잘 섞어준다.

11. 완성된 수렴 화장수를 용기에 담는다.

4. 화장수 화장품 수행평가(포트폴리오)

(1) 화장수 화장품의 제조 실습 과정을 설명하세요 종류별사진 첨부

(2) 화장수 화장품 사용하기 포트폴리오 수행활동

(3) 화장수 화장품 사용법을 서술하세요.

(4) 화장수 화장품의 주요 성분을 서술하세요.

3 에센스 제조

1. 에센스 제조 원리

에센스는 용도에 따라 투명, 반투명의 점성이 있는 스킨타입, 로션타입, 젤 타입의 다양한 형태로 제조할 수 있으나 투명한 점액성의 스킨타입이 일반적으로 많이 사용된다. 투명, 반투명 제형은 일반적으로 화장수의 제조방법과 유사한데 실온에서 제조하며, 보습제 함량을 높이고 점성을 부여하기 위해 점증제를 사용한다.

유화타입은 투명제형에 비해 유용성 성분을 다량으로 배합할 수 있으나 로션과 비교하여 녹는 점이 높은 왁스는 잘 사용하지 않기 때문에 로션 제조 시보다는 가열온도가 70~75℃ 정도로 조금 낮다.

2. 에센스의 일반적 제조 공정

① 유상 : 고급 지방산가열용해 70~75℃, 계면활성제, 방부제-가열, 용해70~75℃

② 유상, 수상 혼합 교반60~70℃

③ 향료, 약제, 색소 혼합 교반

④ 탈포 – 여과 – 냉각

⑤ 수상 : 정제수, 보습제, chelate제, 알칼리, 색제, -가온, 용해60~70℃

3. 천연 에센스 화장품 제조 실습

(1) 에센스 제조100g

① 수상층 : 로즈워터 40g, 갈락토미세스 50g

② 첨가물 : 워터선인장씨드 오일 5g, 핑거라임 추출물 5g

③ 보습제 : 글리세린 1g, 고분자 히알루론산 파우더 0. 3g

④ 방부제 : 내추로-NP 3 1g

⑤ 아로마 오일 : 프랑킨센스 E.O 2방울

- 유리비커 A에 글리세린과 고분자 히알루론산 파우더를 계량하고 잘 섞어준다.

• 로즈워터를 첨가하고 히알루론산이 점증이 될 때까지 기다려준다. 다른 방법으로는 핫플레이트 중불에 30분 정도- 미리 만들어 두면 용이하다.

• 비커 B에 나머지 원료들을 순서대로 계량한다.

• A와 B를 잘 섞어주면 완성된다.

에센스 제조 방법

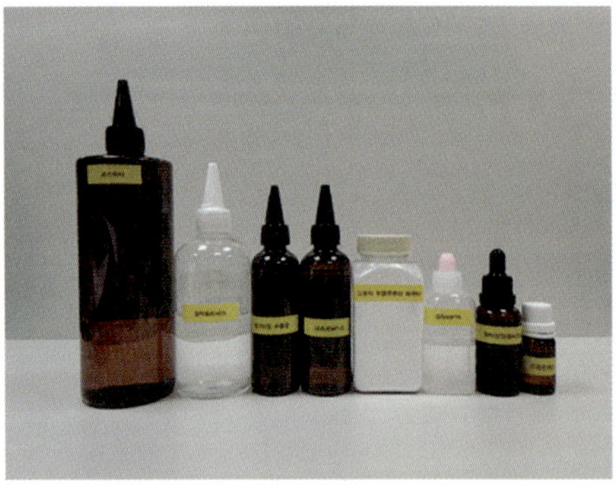

1. 원료를 준비하고 사용할 물품(비커 등)을 에탄올로 소독한다.

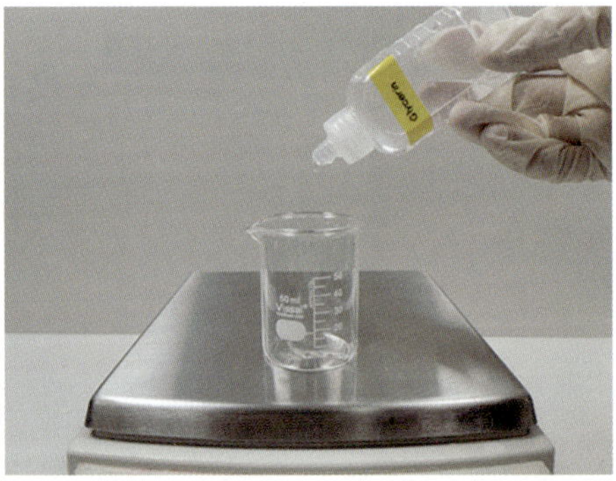

2. 유리 비커(A)에 글리세린(보습제) 1g을 계량하여 넣는다.

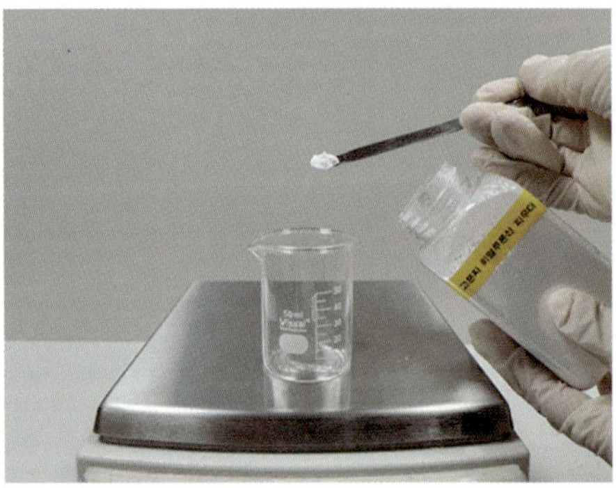

3. 고분자 히알루론산 파우더(보습제)를 0.3g 계량하여 넣고 잘 섞어준다.

4. 로즈워터(수상층) 40g을 계량하여 첨가하고 히알루론산이 점증이 될 때까지 기다려 준다.

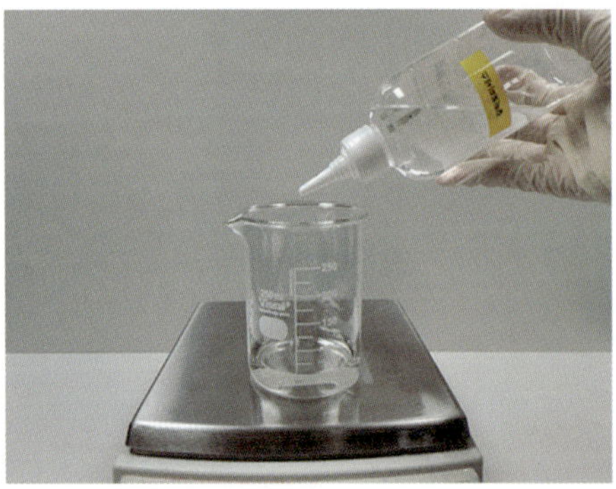

5. 다른 비커(B)에 갈락토미세스(수상층) 50g을 계량하여 넣는다.

6. 워터선인장씨 오일(첨가물) 5g을 계량하여 넣는다.

7. 핑거라임 추출물(첨가물) 5g을 계량하여 넣는다.

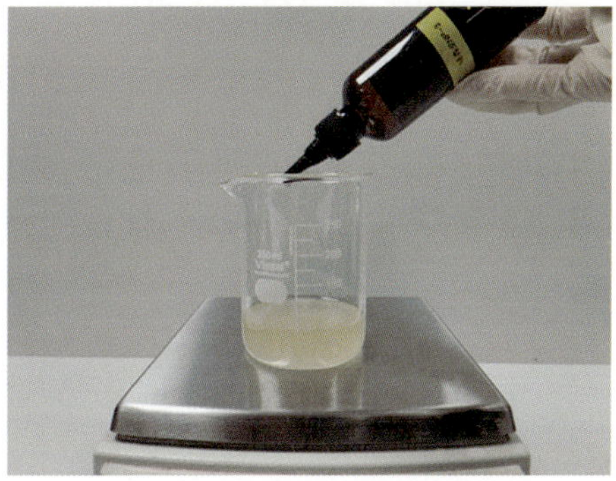

8. 내츄로-NP 3(방부제) 1g을 계량하여 넣어준다.

9. 아로마 오일(프랑킨센스) 2방울을 계량하여 넣는다.

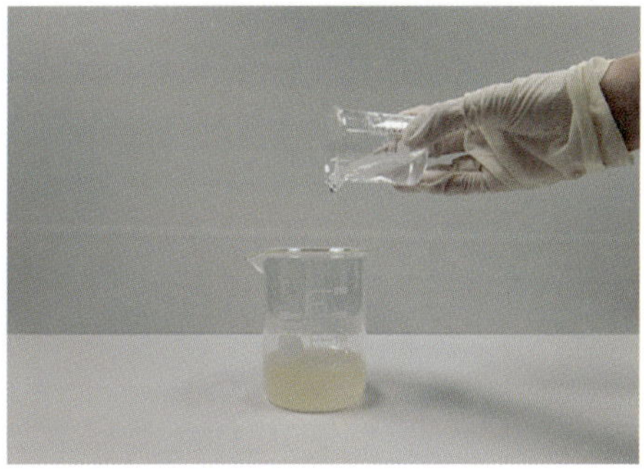

10. A와 B 비커를 교반한다.

11. 완성된 에센스를 용기에 담는다.

4. 수행평가(포트폴리오)

(1) 에센스 화장품의 제조 실습 과정을 설명하세요 종류별사진 첨부

Note

(2) 에센스 화장품 사용하기 포트폴리오 수행활동

(3) 에센스 화장품 사용법을 서술하세요.

(4) 에센스 화장품의 주요 성분을 서술하세요.

4 로션의 제조

1. 로션의 제조 원리

로션(유액)은 화장수와 크림의 중간적 성격으로 고형 유성성분과 왁스류의 배합량이 적은 것이 특징으로 상온에서 흐름성을 갖는다. 로션은 물에 잘 용해되는 수상에 오일에 잘 녹는 유상을 혼합하여 온도를 70~80℃ 정도로 가열하여 유화하는 가열공정이 포함된다.

가열의 이유는 유상원료 중 왁스의 융점보다 온도를 높여 친유성 성분을 액체 형태로 만들고 물에 녹인 친수성 성분들과 액체와 액체로 혼합 및 교반하여 두 가지 상의 균일한 분산을 위함이다. 또한 이 과정을 통해 미생물의 오염방지까지 기대할 수 있다.

2. 로션제의 일반적 제조 공정

① 유상 : 고급 지방산(가열용해 70~75℃), 계면활성제, 방부제–가열, 용해(70~75℃)

② 유상, 수상 혼합 교반(60~70℃)

③ 향료, 약제, 색소 혼합 교반

④ 탈포 – 여과 – 냉각

⑤ 수상 : 정제수, 보습제, chelate제, 알칼리, 색제, – 가온, 용해(60~70℃)

3. 천연 로션 제조 실습

(1) 로션 제조(100g)

① 유상층 : 캐모마일 인퓨즈드 오일 10g, 호호바 오일 5g, 카렌듈라 인퓨즈드 오일 4g, 비타민 E 1g

② 유화제 : 올리브유화왁스 4g

③ 수상층 : 라벤더 워터 30g, 티트리 추출수 25g

④ 보습제 : 판테놀 75% 20g

⑤ 방부제 : 내추로-NP 3 1g

⑥ 아로마 오일 : 팔마로사 5방울

- 유리비커에 수상과 보습제인 판테놀을 계량해서 가열한다. −70℃
- 다른 비이커에 유상과 유화제를 계량하여 가열한다. −70~75℃
- 수상과 유상을 서로 교반 후 냉각한다. −40℃
- 방부제 및 에센셜 오일을 계량한 다음 섞어준다.

로션 제조 방법

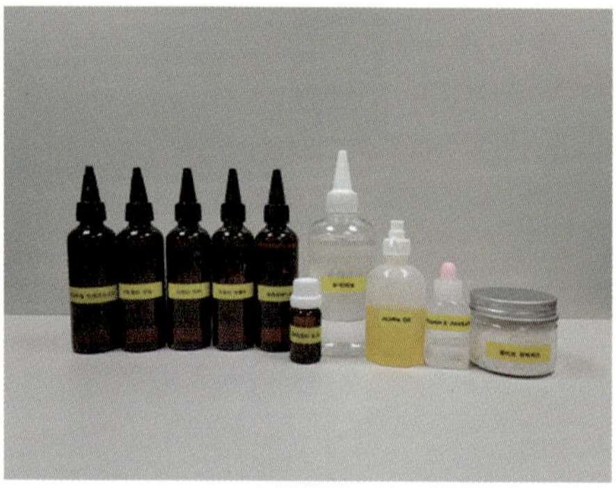

1. 원료를 준비하고 사용할 물품(비커 등)을 에탄올로 소독한다.

2. 유리 비커를 저울에 올려놓고 라벤더워터 30g을 계량하여 넣는다.

3. 티트리 추출수 25g을 계량하여 넣는다.

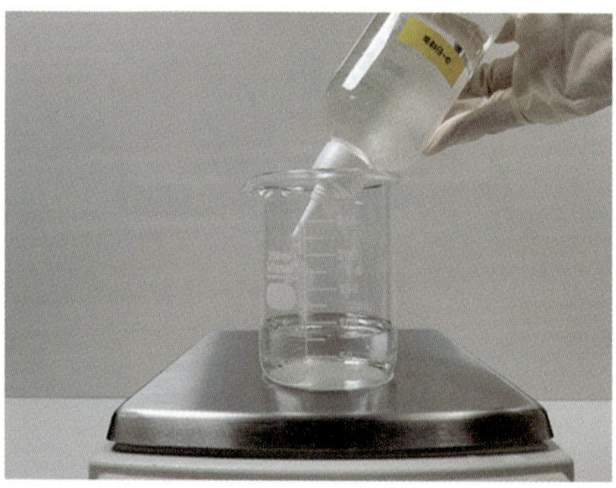

4. 판테놀 75%(보습제) 20g을 계량하여 넣는다.

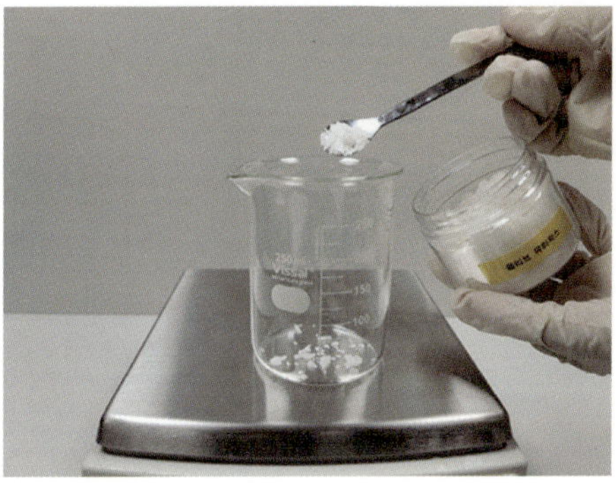

5. 다른 비커에 올리브유화왁스(유화제) 4g을 계량하여 넣는다.

6. 캐모마일 인퓨즈드 오일(유상층) 10g을 계량하여 넣는다.

7. 호호바 오일(유상층) 5g을 계량하여 넣는다.

8. 카렌듈라 인퓨즈드 오일(유상층) 4g을 계량하여 넣는다.

9. 계량한 라벤더워터+티트리 추출수 +판테놀을 핫플레이트에 올려 70℃로 가열한다.

10. 계량한 유상층+유화제를 핫 플레이트에 올려 70~75℃로 가열한다.

11. 수상층과 유상층을 서로 교반 후 40도로 냉각한다.

12. 비타민 E 1g + 내츄로-NP 3 (방부제) 1g을 계량한 다음 섞어준다.

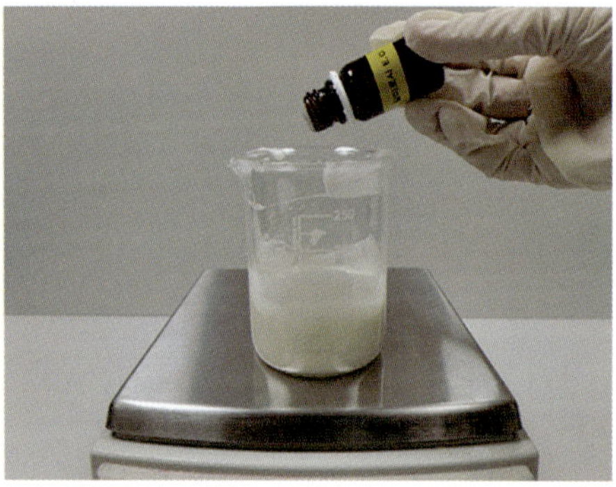

13. 아로마 오일(팔마로사) 5방울을 넣은 후 섞는다.

14. 완성된 로션을 용기에 담는다.

4. 수행평가(포트폴리오)

(1) 로션 화장품의 제조 실습 과정을 설명하세요 종류별사진 첨부

Note

(2) 로션 사용하기 포트폴리오 수행활동

(3) 로션 사용법을 서술하세요.

(4) 로션의 주요 성분을 서술하세요.

5 크림의 제조

1. 크림의 제조 원리

크림은 오일, 왁스, 지방산 등의 유성성분 함량이 주를 이루는 유화제품으로 정제수, 보습제, 계면활성제, 금속이온봉쇄제, 향료 등 사용 목적에 따른 성분이 추가로 배합된다. 로션에 비하여 분자량이 큰 유성성분의 사용 비율이 높아 반고형상으로 유동성이 없으며 점성이 높아 안정한 유화상태를 얻을 수 있다. 제조 방법에 따라 O/W, W/O형 등의 다양한 유화제품을 만들 수 있다. O/W 형태의 경우 친수성 계면활성제를 중심으로 고급 알코올, 고급 지방산의 함량이 많고 W/O 형태는 친유성 계면활성제를 중심으로 극성이 낮은 탄화수소류의 오일의 함량이 많다.

2. 크림 화장품의 일반적 제조 공정

① 수상 : 정제수, 보습제, 중화제, chelate제, 첨가제, –가온, 용해 70℃

② W/O 타입 유상층에 수상층 혼합 교반 70℃ – 유화 호모믹서 ; O/W 타입은 반대로 수상층에 유상층 교반

③ 향료, 첨가물, 색소 혼합 교반 호모믹서 천천히 2분간

④ 탈포 – 여과 – 냉각 30℃

⑤ 유상 : 고급 지방산, 왁스, 유연제, 고급 알코올, 비이온성 계면활성제, 유연제, 방부제–가열, 용해 70~80℃

3. 천연 크림 화장품 제조 실습

① 보습크림 제조 실습 100g

② 유상층 : 마룰라 오일 15g, 아르간 오일 5g, 모링가 오일 5g

③ 유화제 : 올리브유화왁스 5g, 세테아릴알코올 2g

④ 수상층 : 로즈워터 60g, 나이아신아마이드 1g, 잔탄검 점도 0.3g, 글리세린 보습 3g

⑤ 첨가물 : 비타민 E 1g, 히알루론산 3g, 판테놀 2g, 아쿠아포린 1g, 내추로-NP 3 방부제 1g

⑥ 아로마 오일 : 프랑킨센스 5방울

- 유리비커를 저울에 올려놓고 유상층+유화제를 계량한다.
- 다른 유리비커에 수상층을 계량 후 나이아신아미드를 녹여준다.
- 유상층과 수상층을 핫플레이트에 올린 다음 65℃ 내외까지 가열한다.
- 유상층과 수상층을 한 곳에 섞어준 다음, 호모믹서핸드블렌더로 3분 유화한다. 온도가 50~55℃ 정도로 내려가면 약간의 점도가 생긴다.
- 첨가물을 순서대로 계량하고 섞어준다.
- 아로마 오일을 계량한 다음 섞어준다.

보습크림 제조 방법

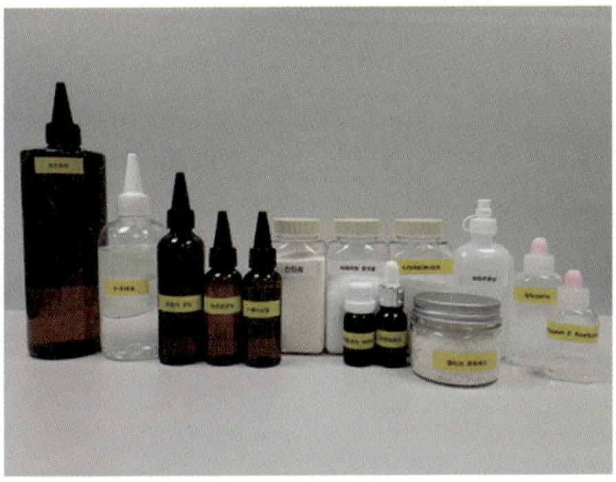

1. 원료를 준비하고 사용할 물품(비커 등)을 에탄올로 소독한다.

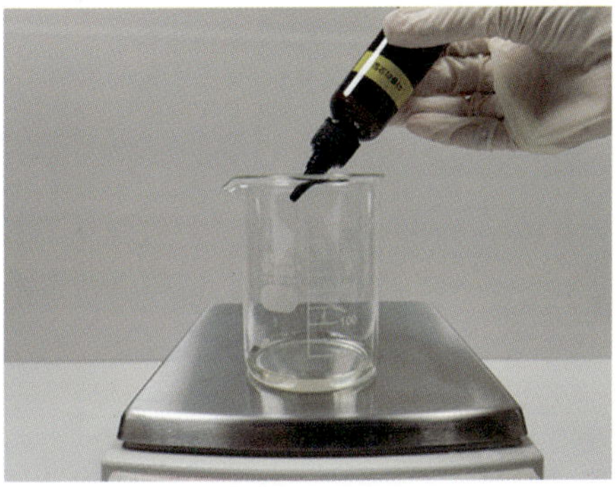

2. 유리 비커를 저울에 올려놓고 마눌라 오일(유상층) 15g을 계량하여 넣는다.

3. 아르간 오일(유상층) 5g을 계량하여 넣는다.

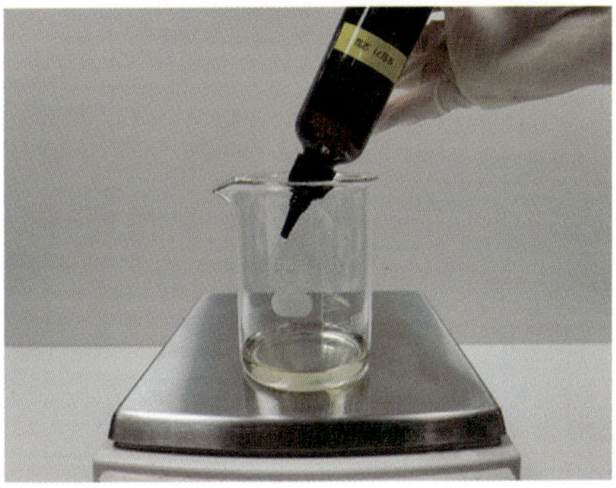

4. 모링가 오일(유상층) 5g을 계량하여 넣는다.

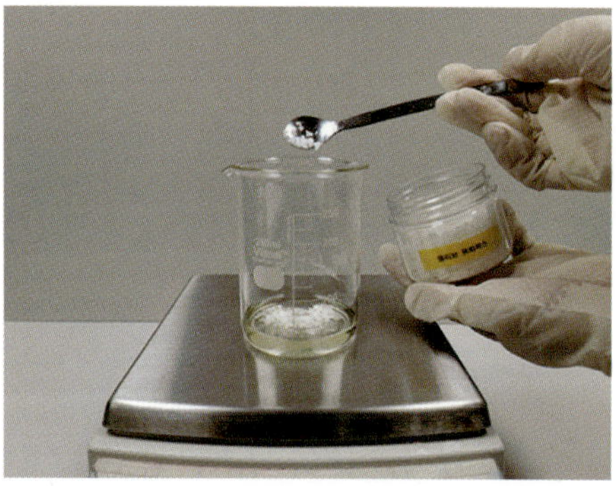

5. 올리브유화왁스(유화제) 5g을 계량하여 넣는다.

6. 세테아릴알코올(유화제) 2g을 계량하여 넣는다.

7. 다른 유리비커에 로즈워터(수상층) 60g을 계량하여 넣는다.

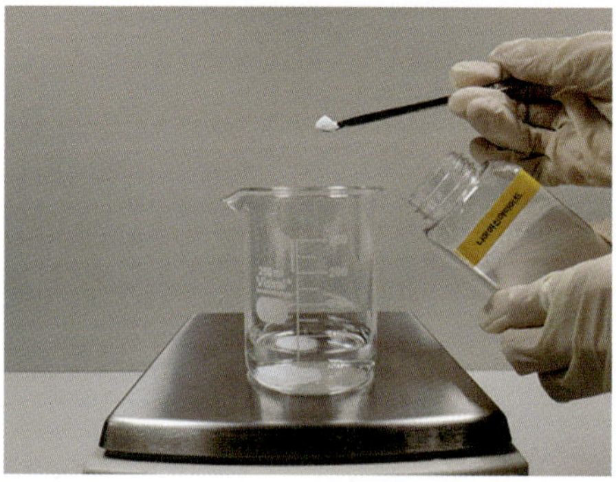

8. 잔탄검(점도조절제) 0.3g을 계량하여 넣는다.

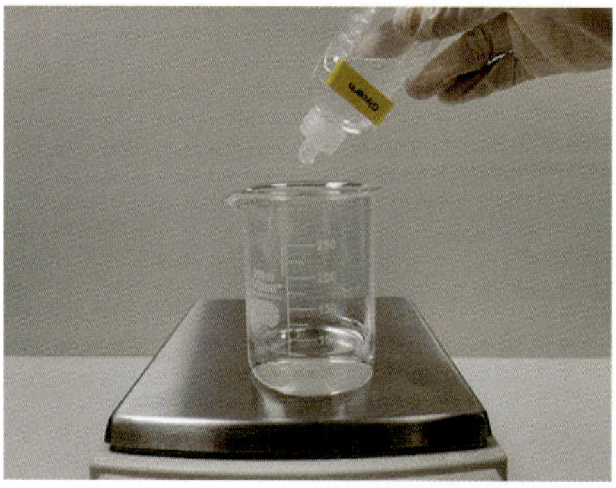

9. 글리세린(수상층) 3g을 계량하여 넣는다.

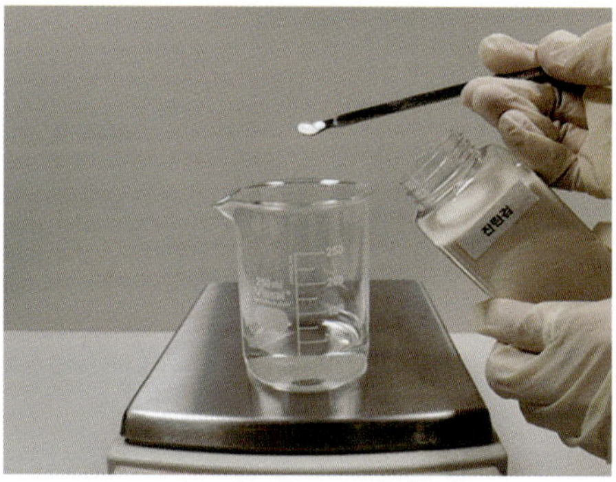

10. 나이아신아마이드를 계량하여 녹여준다.

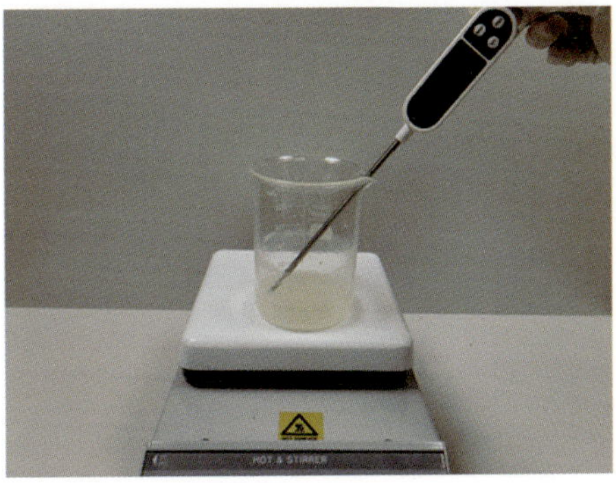

11. 계량한 유상층+유화제를 핫플레이트에 올려 65℃ 내외까지 가열한다.

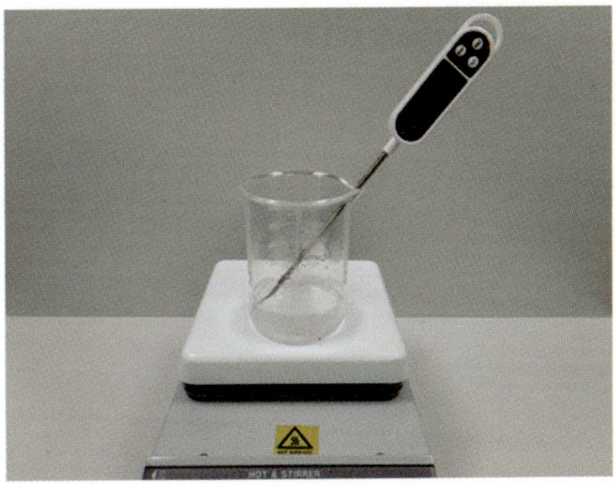

12. 계량한 수상층을 핫플레이트에 올려 65℃ 내외까지 가열한다.

13. 유상층과 수상층을 섞어 호모믹서(핸드블렌더)로 2분 정도 유화한다. 50~55℃ 정도로 내려가면 점도가 생긴다.

14. 비타민 E(첨가물) 1g을 계량하여 넣는다.

15. 히알루론산(첨가물) 3g을 계량하여 넣어준다.

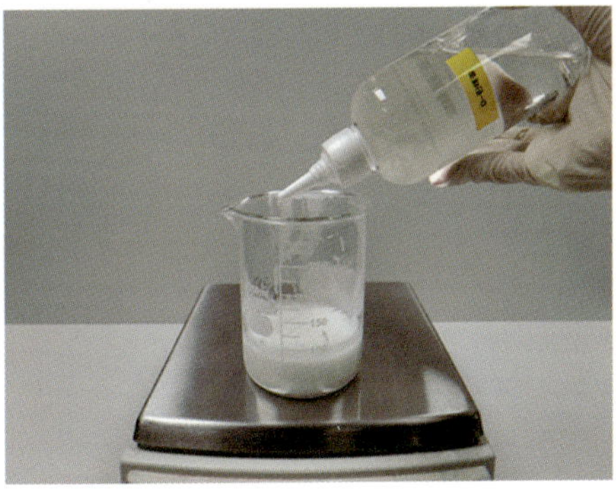

16. 판테놀(첨가물) 2g을 계량하여 넣어준다.

17. 아쿠아포린(첨가물) 1g을 계량하여 넣어준다.

18. 내츄로-NP 3 (방부제) 1g을 계량하여 넣어준다.

19. 아로마 오일(프랑킨센스) 5방울을 넣는다.

20. 호모믹서를 사용하여 교반한다.

21. 완성된 보습크림을 용기에 담는다.

4. 수행평가(포트폴리오)

(1) 크림 화장품의 제조 실습 과정을 설명하세요 종류별사진 첨부

Note

(2) 크림 화장품 사용하기 포트폴리오 수행활동

(3) 크림 화장품 사용법을 서술하세요.

(4) 크림 화장품의 주요 성분을 서술하세요.

6 팩, 마스크 제조

1. 팩, 마스크 제조 원리

팩은 사용목적과 형태에 따라 사용되는 원료가 다르고 다양한 성분이 적용되며, 가용화, 유화, 분산의 여러 제조 방법이 적용된다. 본 교재에서는 워시오프 타입 중 머드팩 형태를 제조하기 위한 천연 성분 위주로 구성하였다. 점토성분과 보습제 성분, 추출물과 방부제, 아로마 오일 등을 혼합하여 천연 점토팩을 만들 수 있다.

2. 팩, 마스크의 일반적 제조 공정

① **수상** : 정제수+분말을 혼합분산 → 보습제 가열, 용해70~80℃ → 피막제 분산 용해

② **알코올상** : 에탄올, 향료, 방부제, 계면활성제 가온, 용해40℃

③ 수상+알코올상 혼합 용해 교반

④ 탈포 – 여과 – 냉각 – 저장

3. 필 오프 팩 제조 공정

① **수상** : 정제수+점토광물+보습제 혼합분산실온

② **알코올상** : 에탄올, 향료, 방부제, 계면활성제 가온, 용해40℃

③ 수상+알코올상 혼합 용해 교반40℃

④ 분말류분쇄 → 혼합분산

⑤ 탈포 – 냉각 – 여과 – 저장 – 배출

4. 천연 팩, 마스크 제조 실습

(1) 크림 팩 제조100g

① 그린클레이 10g, 카올린클레이 50g, 오트밀파우더 1g

② **첨가물** : 당귀 추출물 10g, 감초 추출물 10g, 인삼 추출물 10g, 히알루론산 5g, 글리세린 15g, 내츄로-NP3 1g

③ **아로마 오일** : 로즈마리 E.O. 5방울, 라벤더 E.O. 5방울

- 클레이와 사과파우더를 계량 후 섞어준다랩을 이용해 흔들어준다.
- 다른 비커에 첨가물을 계량한다.
- 계량한 첨가물을 분말이 담겨있는 비커에 넣어준다.
- 아로마에센셜 오일을 넣어준다.
- 호모믹스핸드블렌더를 이용해 가루가 날리지 않도록 잘 섞어준다.

크림 팩마스크 제조 방법

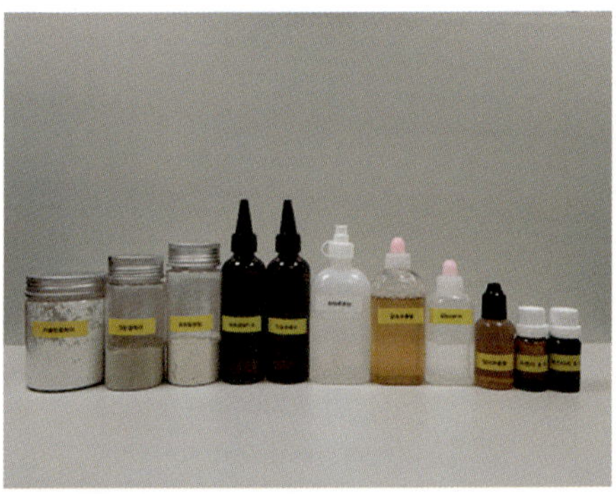

1. 원료를 준비하고 사용할 물품(비커 등)을 에탄올로 소독한다.

2. 유리 비커에 그린클레이 10g을 계량하여 넣는다.

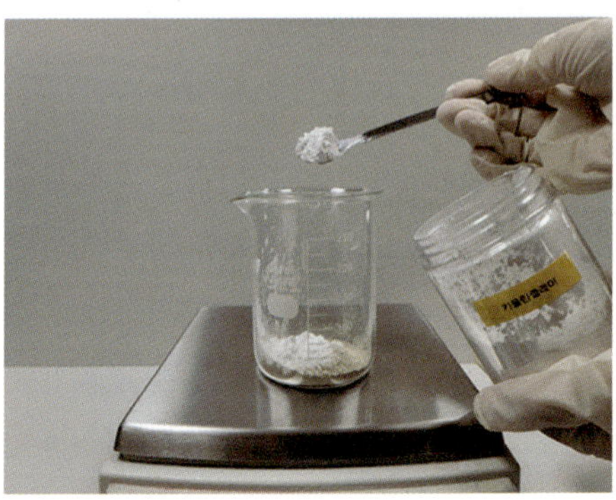

3. 카올린클레이 50g을 계량하고 넣는다.

4. 오트밀파우더 1g을 계량하고 넣는다.

5. 비커에 랩을 이용해 클레이+오트밀파우더를 흔들어 섞어준다.

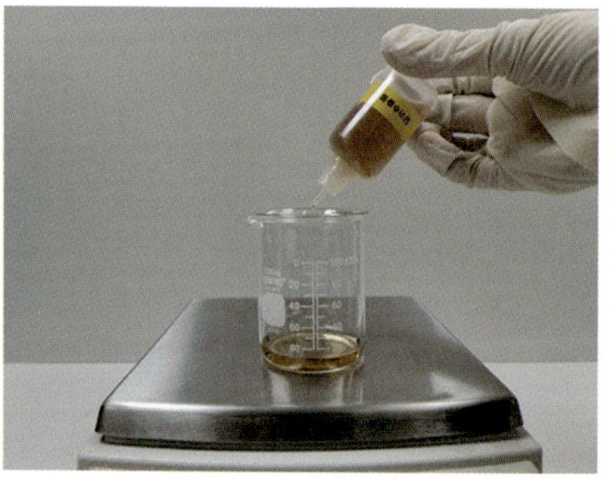

6. 다른 비커에 당귀 추출물(첨가물) 10g을 계량하여 넣는다.

7. 감초 추출물(첨가물) 10g을 계량하여 넣는다.

8. 인삼 추출물(첨가물) 10g을 계량하여 넣는다.

9. 히알루론산(첨가물) 5g을 계량하여 넣는다.

10. 글리세린(첨가물) 15g을 계량하여 넣는다.

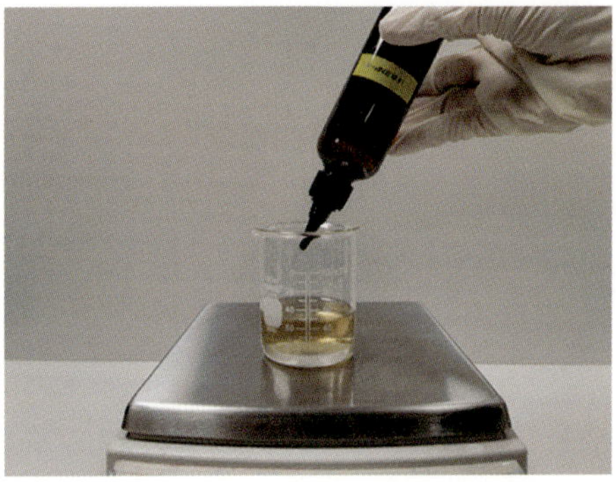

11. 내츄로-NP 3 (방부제) 1g을 계량하여 넣어준다.

12. 계량한 첨가물을 분말이 담겨 있는 비커에 넣어준다.

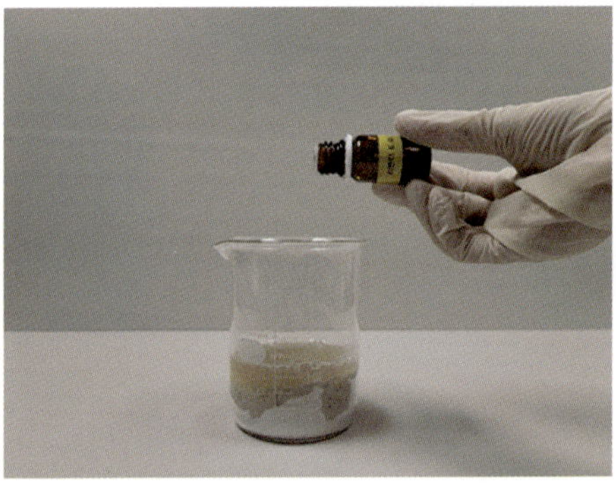

13. 아로마 오일(로즈마리, 라벤더) 5방울씩 계량하여 넣는다.

14. 호모믹서를 이용해 가루가 날리지 않도록 교반한다.

15. 완성된 크림 팩을 용기에 담는다.

5. 수행평가(포트폴리오)

(1) 팩, 마스크 화장품의 제조 실습 과정을 설명하세요 종류별사진 첨부

Note

(2) 팩 · 마스크 화장품 사용하기 포트폴리오 수행활동

(3) 팩 · 마스크 화장품 사용법을 서술하세요.

(4) 팩 · 마스크 화장품의 주요 성분을 서술하세요.

7 바디 제품류 제조

1. 바디슬리밍 젤

(1) 바디슬리밍 젤 제조 원리

젤 제형의 화장품을 제조할 때는 수용성 성분이 녹아 있는 수용액을 폴리머를 이용해 점도를 높이게 된다. 카보머는 산성을 띠게 되므로 염기성분인 TEA Triethanolamine 로 중화하여 젤 제형을 완성할 수 있다. 하지만 최근 TEA 성분이 알레르기를 유발할 수 있는 것으로 알려져 L-아르기닌으로 대체하여 중화할 수 있다. 천연화장품의 제조 실습에서는 알로에 젤을 활용하여 바디슬리밍 젤을 제조하였다.

(2) 바디슬리밍 젤 제조 실습 100g

① **수상층** : 알로에모이스트 25g, 라벤더워터 75g

② **첨가물** : 캡사이신 고추 추출물 2g, 내츄럴베타인 액상 2g, 멘톨 소량, 내츄로-NP 3 2g

③ **아로마 E.O** : 페퍼민트 2방울, 사이프러스 3방울, 제라늄 3방울 임산부 사용금지

- 라벤더워터, 알로에모이스트를 계량한다.
- 첨가물을 순서대로 첨가하고 섞어준다.
- 아로마 오일을 첨가하고 섞어준다.
- 원하는 제형이 나올 때까지 섞어준다 알로에모이스트로 조절.

| 바디슬리밍 젤 제조 방법 |

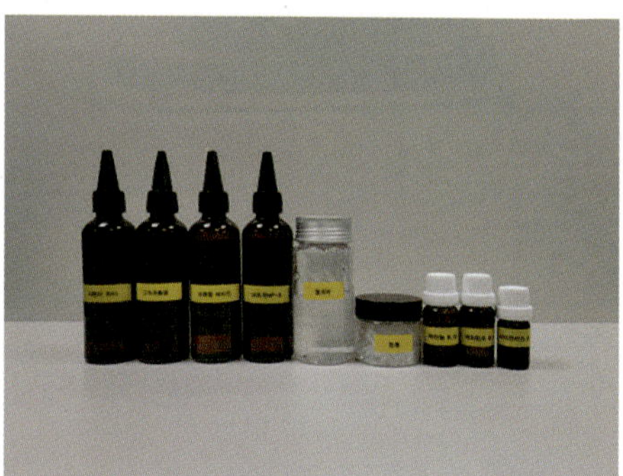

1. 원료를 준비하고 사용할 물품(비커 등)을 에탄올로 소독한다.

2. 유리 비커에 알로에모이스트(수상층) 25g을 계량하여 넣는다.

3. 라벤더워터(수상층) 75g을 계량하여 넣는다.

4. 캡사이신(고추 추출물) 2g을 계량하고 넣는다.

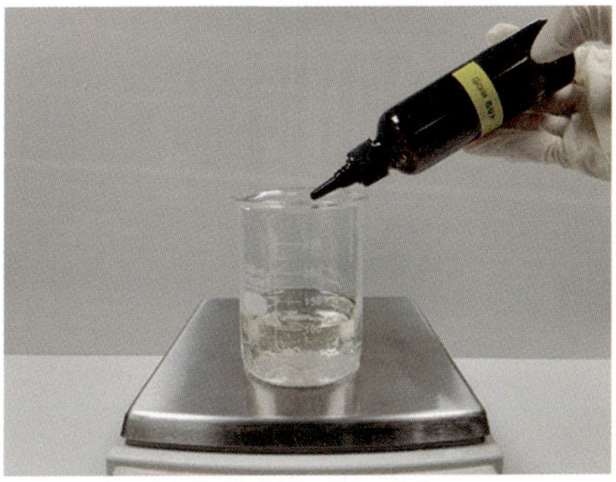

5. 내추럴베타인(액상) 2g을 계량하고 넣는다.

6. 멘톨을 소량 넣는다.

7. 내추로-NP 3 (방부제) 2g을 계량하여 넣어 섞어준다.

8. 아로마 오일(페퍼민트 2방울, 사이프러스 3방울, 제라늄 3방울)을 넣어 섞어준다.

9. 완성된 바디슬리밍 젤을 용기에 담는다.

2. 바디 마사지 오일

(1) 바디 마사지 오일 제조 원리

바디 오일은 목욕 후 보습을 목적으로 하거나 마사지 시 피부의 마찰을 줄여주기 위해 사용된다. 미네랄 오일을 주성분으로 하는 오일은 사용 후 꼭 닦아내어 피부에 잔여물을 남지 않도록 해야 한다. 바디 오일은 미네랄 오일 또는 캐리어 오일에 에센셜 오일이나 향료를 섞어 제조할 수 있다.

(2) 건조 및 임산부 마사지 오일 제조 실습100g

① **유상층** : 호호바 오일 96g

② **첨가물** : 비타민 E 1g, 세라마이드 3g

③ **아로마 오일** : 라벤더 E.O. 10방울유아 2, 소아 4, 성인 10

- 유리 비커를 저울에 올려 놓고 유상층을 계량한다.
- 첨가물을 순서대로 첨가하고 섞어준다.
- 아로마 오일을 계량하고 섞어준다.

건조 및 임산부 마사지 오일 제조 방법

1. 원료를 준비하고 사용할 물품(비커 등)을 에탄올로 소독한다.

2. 유리 비커에 호호바 오일(유상층) 96g을 계량하여 넣는다.

3. 비타민 E 1g을 계량하여 넣는다.

4. 세라마이드 3g을 계량하고 넣는다.

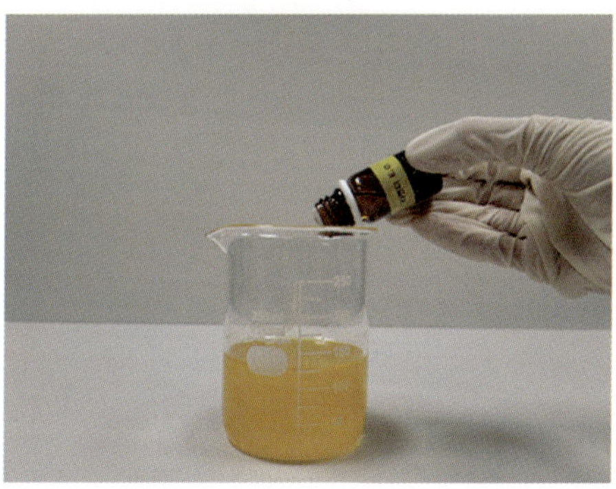

5. 아로마 오일(라벤더) 10방울을 넣어 섞어준다(유아 2방울, 소아 4방울, 성인 10방울).

6. 완성된 건조 및 임산부 마사지 오일을 용기에 담는다.

3. 수행평가(포트폴리오)

(1) 몸매바디 화장품의 제조 실습 과정을 설명하세요종류별사진 첨부

(2) 몸매바디 화장품 사용하기포트폴리오 수행활동

(3) 몸매바디 화장품 사용법을 서술하세요.

(4) 몸매바디 화장품의 주요 성분을 서술하세요.

Chapter 11

두피 화장품

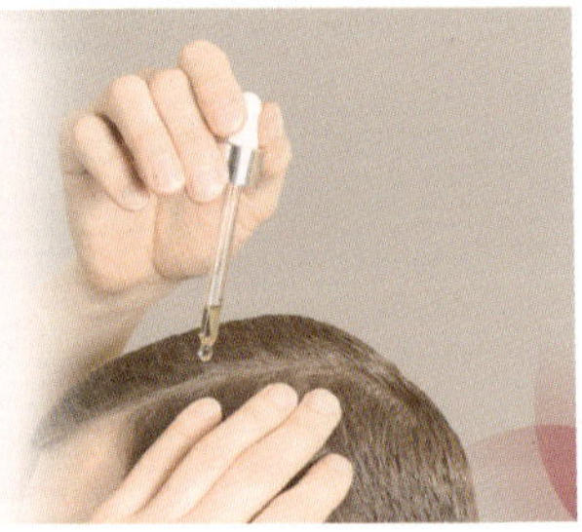

1. 두피 화장품 제조

1. 샴푸 제조 원리

샴푸의 주 성분으로는 음이온성 계면활성제가 주로 사용되는데, 기포력과 세정력이 좋아 기포가 세정 중 세정액이 흘러내리지 않도록 유지하고 손으로 비빌 때 머리카락이 헝클어지는 것을 방지하는 역할을 한다. 그 외에 샴푸의 기포를 부드럽고 조밀하며 풍성하게 만들기 위한 기포안정제로 비이온성 계면활성제가 사용되고 글리세린, 프로필렌글라이콜 등의 보습제와 목적에 따라 비듬방지제, 탈모기능성 성분 등이 배합된다.

2. 샴푸의 일반적 제조 공정

① 정제수 계량 후 70℃ 가열 – 양이온성 폴리머 계량 – 교반기로 조금씩 넣어주고 투명해질 때까지 기다린다.

② 투명해진 용액에 음이온 계면활성제SLES 교반

③ 음이온 계면활성제 SLS 가열 후 교반15℃

④ 향 가용화하기

⑤ 순서대로 나머지 성분 교반 후 냉각

3. 천연 두피모발 화장품 제조 실습

(1) 천연 샴푸 제조500g

① 수상층 : 정제수 294g, 케라틴 분말 5g, 비오틴 or 나노쿠퍼 펩타이드 1000ppm 5g, 에스노질리아 추출물 or Noggin 1ppm 5g, 알라토인 액상 1g

② 계면활성제 : DLSS디소듐라우레스설포썩시네이트 50g or SLS소듐라우릴설페이트 50g, SLA코코베타인 50g, PEG-120글루카메이트 15g, 라우릴글루코사이드코코글루코사이드 or 코카미도프로필베타인 50g

③ 첨가물 : 글리세린 15g, 판테놀 75% 5g, 나프리 or 내츄로-NP 3 5g, 유노하나색내기 소량 or 색소 선택 가능

④ 아로마 오일 : 라벤더 5ml

- 유리비커를 저울에 올려놓고 수상층을 먼저 계량한다.
- 핫플레이트에 가열하면서 분말을 모두 녹인다. −70℃
- DLSS or SLS, PEG−120을 계량하여 녹여준다.
- SLA, 라우릴글루코사이드 or 코카미도프로필베타인을 계량 후 교반한다.
- 첨가물을 순서대로 넣고 교반한다.
- 아로마 오일을 넣어 완성한다.

샴푸 제조 방법

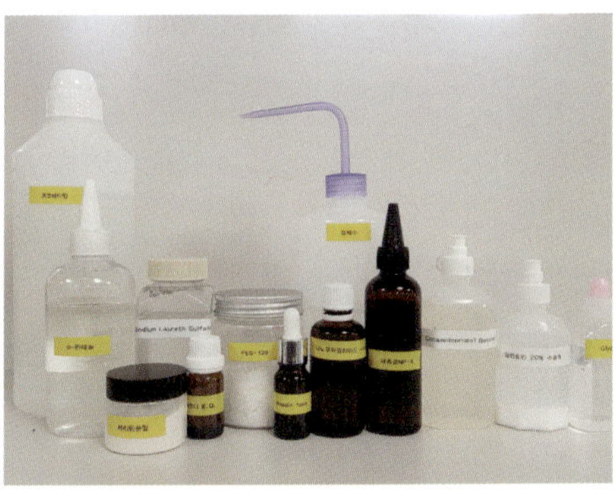

1. 원료를 준비하고 사용할 기구를 에탄올로 소독한다.

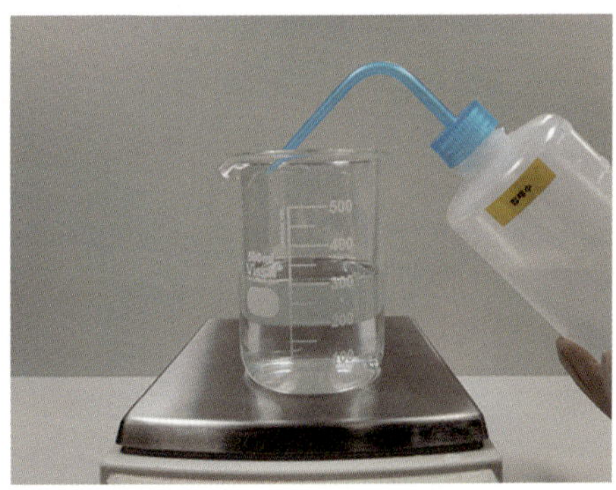

2. 유리비커에 정제수(수상층) 294g을 계량하여 넣는다.

3. 케라틴 분말(수상층) 5g을 계량하여 넣는다.

4. 나노쿠퍼 펩타이드 5g을 계량하고 넣는다.

5. Noggin 5g, 알라토인 액상 1g을 계량하고 넣는다.

6. 핫플레이트에 70℃ 내외로 가열하여 분말을 모두 녹인다.

7. DLSS or SLS(계면활성제) 50g을 계량하여 넣는다.

8. PEG-120(계면활성제) 15g을 계량하여 넣고 녹여준다.

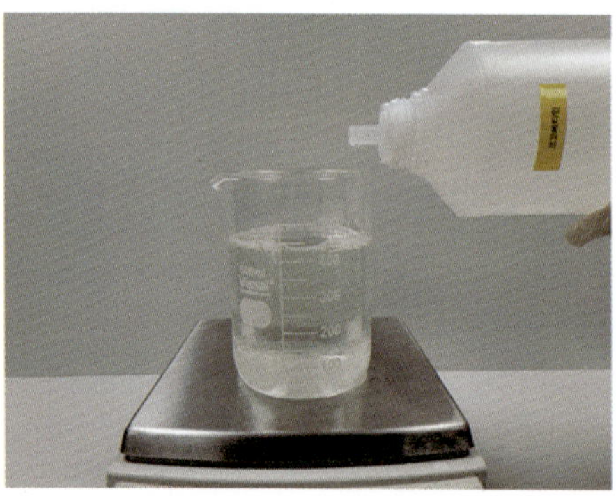

9. SLA(계면활성제) 50g을 계량하여 넣는다.

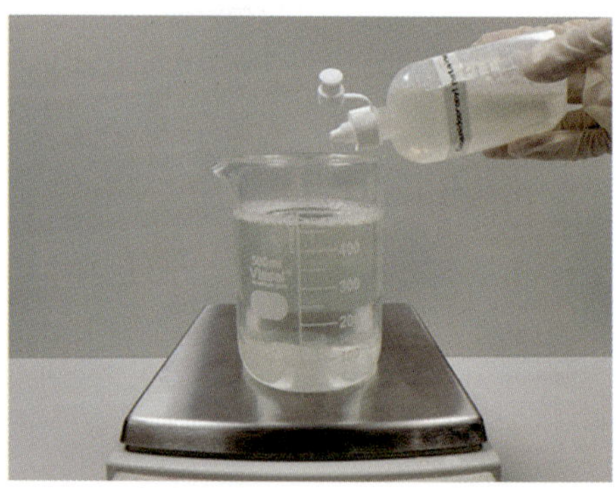

10. 라우릴글루코사이드 or 코카미도프로필베타인(계면활성제) 50g을 계량한다.

11. 수상층+계면활성제를 교반한다.

12. 글리세린(첨가물) 15g을 계량하여 넣어준다.

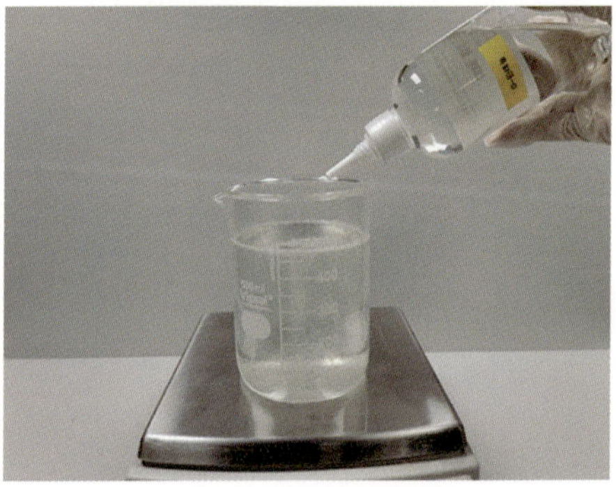

13. 판테놀(첨가물) 5g을 계량하여 넣어준다.

14. 내츄로-NP 3 (방부제) 5g을 계량하여 넣어준다.

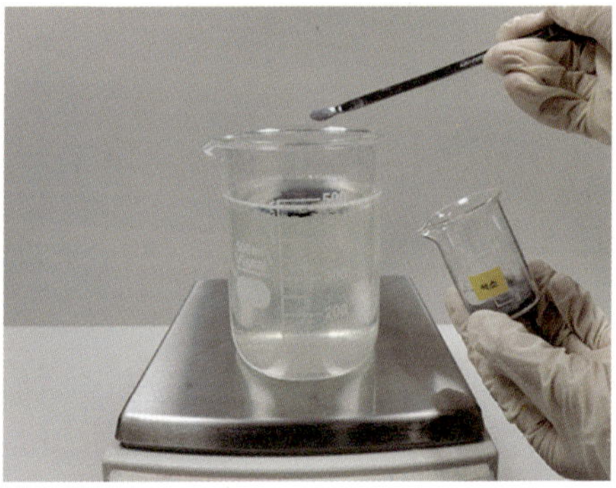

15. 색소 소량을 넣어준다.

16. 첨가물+색소를 교반한다.

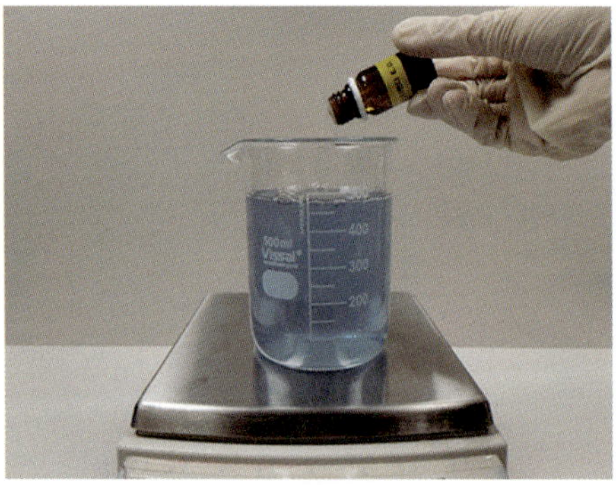

17. 아로마 오일(라벤더) 5ml를 넣어 섞어준다.

18. 완성된 샴푸를 용기에 넣어준다.

4. 수행평가(포트폴리오)

(1) 두피 모발 화장품의 제조 실습 과정을 설명하세요 종류별사진 첨부

Note

(2) 두피 모발 화장품 사용하기 포트폴리오 수행활동

(3) 두피 모발 화장품 사용법을 서술하세요.

(4) 두피 모발 화장품의 주요 성분을 서술하세요.

Chapter 12

방향성 화장품

1. 방향성 화장품(향수) 제조

1. 방향성 화장품(향수) 제조 원리

방향성 화장품을 제조할 때는 천연향료와 합성향료를 적절히 혼합하여 조합향료를 만드는 것이다. 향료 조합에 있어 가장 중요한 것은 베이스노트를 선정하는 것으로 미들노트 및 탑노트와 잘 어울리는 것으로 선택하여 원하는 목적의 향기를 만든다.

향기가 조합된 후에는 시간이 지나도 향이 변하지 않고 지속되도록 작용하는 보류제를 첨가하여 완성한다.

2. 방향성 화장품의 일반적 제조 공정

조합 향료를 선택하여 에탄올에 용해시킨 후 냉암소에 일정시간 1개월~수 개월 동안 숙성시켜 여과하여 제조된다.

① 오데 퍼퓸 제조 공정

- Ethanol 70%을 Pre Mixer 투입한다.
- Benzophenone-2 0.02%, PEG-40 0.02%, Propylene glycol 5.00%, 향료 12.00%를 차례로 투입하여 실온에서 용해 후 메인 믹서로 투입한다.
- 정제수 11.88%, FD & Yellow No 6 0.90%, FD & Yellow No 5 0.10%

3. 천연 방향성 화장품 제조 실습

(1) 향수 제조 실습

① 무수 에탄올 : 28ml

② 아로마에센셜 오일

③ 탑 : 베르가못 9방울, 미들 : 팔마로사 7방울 + 로즈마리 8방울, 베이스 : 파촐리 6방울

- 재료를 준비하고 도구를 소독한다.
- 비커에 무수알코올 28mL를 계량한다.
- 무수알코올을 부어 놓은 비커에 베이스노트 → 미들노트 → 탑노트 순서대로 넣어준다.
- 유리봉으로 잘 섞어준다.
- 준비된 향수 용기에 넣어준다.
- 2주의 숙성을 거친 후 사용한다 보통 2달이 지났을 때 가장 향이 좋다.

| 향수 제조 방법 |

1. 원료를 준비하고 사용할 도구를 에탄올로 소독한다.

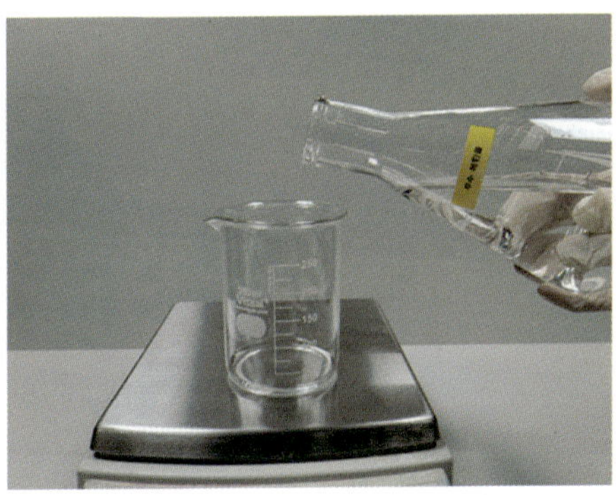

2. 유리비커에 무수알코올 28ml를 계량하여 넣는다.

3. 무수알코올을 부어 놓은 비커에 베이스노트(베르가못) 9방울을 넣는다.

4. 미들노트(팔마로사 7방울, 로즈마리 8방울)를 넣는다.

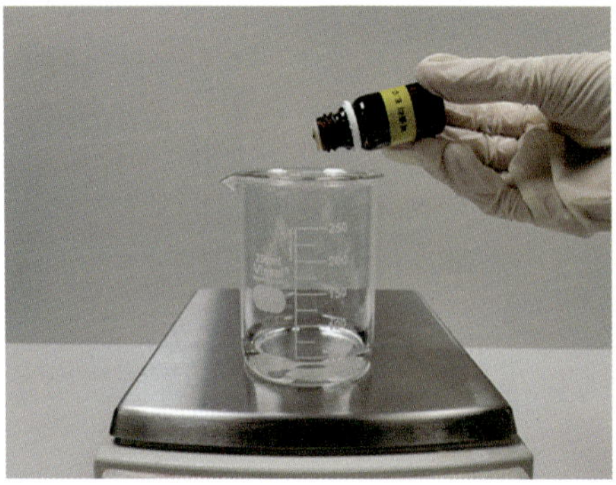

5. 탑노트(파촐리) 6방울을 계량하고 넣는다.

6. 잘 섞어 준비된 향수 용기에 넣어주고 숙성하여 사용한다.

4. 수행평가(포트폴리오)

(1) 방향성 화장품의 제조 실습 과정을 설명하세요 종류별사진 첨부

Note

(2) 방향성 화장품 사용하기 포트폴리오 수행활동

(3) 방향성 화장품 사용법을 서술하세요.

(4) 방향성 화장품의 주요 성분을 서술하세요.

Chapter 13

색조 화장품

1. 색조 화장품 제조

1. 천연 립스틱 제조 원리

립스틱은 오일과 왁스가 혼합된 유성성분에 화장품용 타르색소를 분산하여 굳힌 것으로 안료, 레이크 등의 원료를 사용한다. 립스틱에 사용되는 오일은 피마자유이며, 왁스성분으로는 카나우바왁스와 칸데릴라왁스가 주로 쓰인다. 그 밖의 선명도나 색상의 조절을 위해 티타늄다이옥사이드, 징크옥사이드, 마그네슘옥사이드 등도 추가된다. 유성성분을 가열하여 액체상태로 만든 뒤 색소와 섞어주고 교반한 다음 향료를 추가하여 섞고 성형기에 채워 넣고 냉각시키면 립스틱이 만들어진다.

2. 색조 화장품 립스틱 의 일반적 제조 공정

① 립 메이크업 : 착색제 분체 + 유성기제 유분 + 보습제 수상 + 기타 자외선방지제, 산화방지제, 향료 등

3. 천연 립스틱 화장품 제조 실습

(1) 립스틱 제조 15g

① 유상층 : 코코아버터 or 쉐어버터 4g, 호호바 오일 2g, 피마자 오일 3g, 스윗아몬드 오일 3g, 비즈왁스 밀납 3g, 칸데릴라왁스 1g, 립컬러 27호 1~2g

② 첨가물 : 비타민 E 1g

③ 향료 : 딸기향플레이버 오일 3방울 다른 플레이버 오일로 선택 가능

- 재료를 준비하고, 도구를 소독한다.
- 비커에 유상층과 립컬러 27호를 계량하고 핫플레이트에 가열하여 녹인다. −70℃
- 첨가물과 향료를 넣어 섞어준다.
- 립스틱 몰드에 립스틱 용액을 붓는다.
- 5분 뒤 냉동실에 넣고 30분 정도 굳혀준다.
- 립스틱 몰드의 굳은 용액의 위 단면이 매끄럽게 긁어낸다.
- 립스틱 몰드의 윗부분을 분리한 후 립스틱 용기에 꼽아주면 완성된다.

천연 립스틱 제조 방법

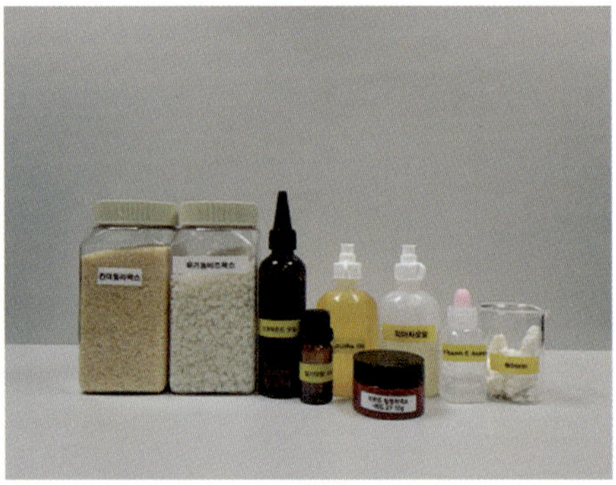

1. 원료를 준비하고 사용할 도구를 에탄올로 소독한다.

2. 유리비커에 쉐어버터(유상층) 4g을 계량하여 넣는다.

3. 호호바 오일(유상층) 2g을 계량하고 넣는다.

4. 피마자 오일(유상층) 3g을 계량하고 넣는다.

5. 스윗아몬드 오일(유상층) 3g을 계량하고 넣는다.

6. 비즈왁스(유상층) 3g을 계량하고 넣는다.

7. 칸데릴라왁스(유상층) 1g을 계량하고 넣는다.

8. 립컬러 27호를 1~2g 계량하여 넣는다.

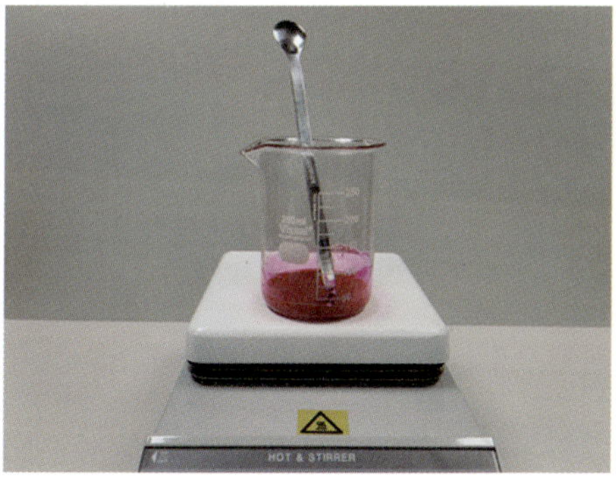

9. 핫플레이트에 올려 70℃ 내외로 가열한다. 이때 으깨듯 잘 섞어주면 발색력이 더 좋아진다.

10. 비타민 E(첨가물) 1g+ 딸기향플레이버 오일 3방울을 계량하여 넣어 섞어준다.

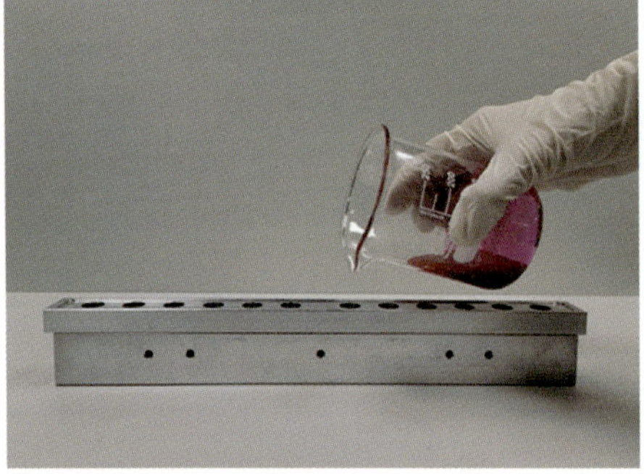

11. 립스틱 몰드에 립스틱 용액을 부어준다.

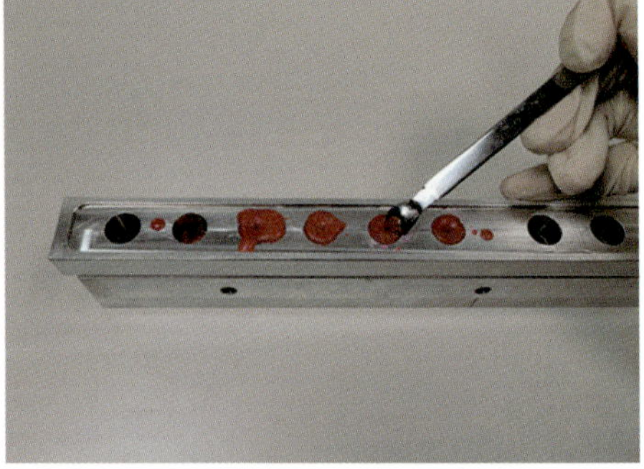

12. 5분 뒤 냉동실에 넣고 30분 정도 굳혀준다. 굳은 립스틱 용액의 위 단면을 매끄럽게 긁어낸다.

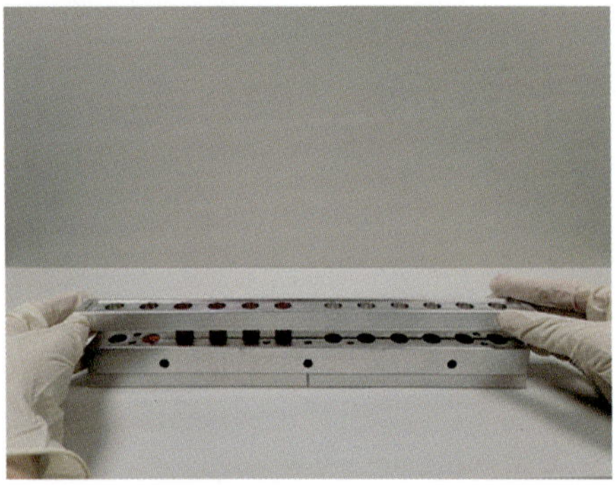

13.. 립스틱 몰드를 분리한다.

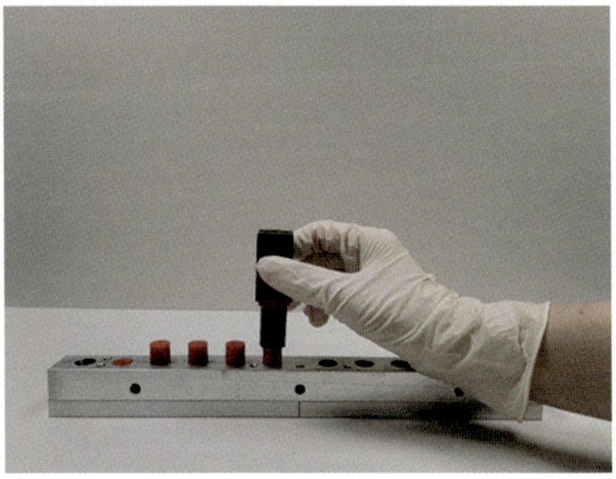

14. 립스틱 용기에 꼽아준다.

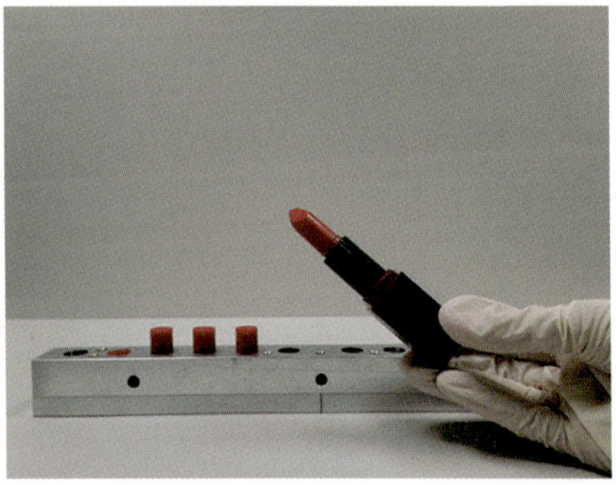

15. 립스틱 완성

4. 수행평가(포트폴리오)

(1) 색조 화장품의 제조 실습 과정을 설명하세요 종류별사진 첨부

Note

(2) 방향성 화장품 사용하기 포트폴리오 수행활동

(3) 방향성 화장품 사용법을 서술하세요.

(4) 방향성 화장품의 주요 성분을 서술하세요.

참고 문헌

- "에센스 화장품 성분과학", 박초희, 구정은, 김경영, 김정기, 배근혜, 이은경, "에센스 화장품" 메디시언, 2021
- 강영희, "생명과학대사전", 도서출판 여초, 2014
- 김경영, 배유경, 이은주, 김수미, 김은애, 송다해, 안경민, 최수기, "에센스 화장품학", 메디시언, 2019
- 김동찬, "올 댓 코스메틱", 이담북스, 2018
- 김주덕, 김상진, 김한석, 권영두, 박경환, 이화순, 진종언, "신화장품학" 제2판, 도서출판 동화기술, 2019
- 나현숙, 곽진경, 김선희, 김희야, 범희주, 윤미숙, 이채미, "메디컬 스킨케어", 수문사, 2010
- 류은주, "모발학 사전", 광문각, 2003
- 소비자를 위한 화장품 상식, 대한화장품협회
- 식약처 화장품 표시·광고 관리가이드라인
- 양재찬, "화장품학의 이해", 라이프사이언스, 2019
- 이정노, "기초 화장품이론 및 실습", 이담북스, 2012
- 임경근, "인터랙티브 헤어 모드 기술메뉴얼", 광문각, 2007
- 전완길, "멋 5000년", 교문사, 1980
- 정진호, "피부노화학", 하누리, 2010
- 하병조, "화장품학", 수문사, 2010
- 화장품법시행 2022. 2. 18
- 화학용어사전, 화학용어사전편찬회, 일진사, 2011
- Brier, Bob. "Great Pharaohs of Ancient Egypt", The Great Courses lecture series
- Bruno Burlando, "Luisella Verotta, Laura Cornara, and Elisa Bottini–Massa, Herbal Principles in Cosmetics", CRC Press, 2010
- Davies JT 1957, "A quantitative kinetic theory of emulsion type, I". Physical chemistry of the emulsifying agent, Gas/Liquid and Liquid/Liquid Interface. Proceedings of the International Congress of Surface Activity, pp 426?438

- Dunbabin DW, "Tallis GA, Popplewell PY, Lee RA. Lead poisoning from Indian herbal medicine Ayurveda". The Medical Journal of Australia 1992:157:835−836.
- FDA "Parabens in Cosmetics" https://www.fda.gov/cosmetics/cosmetic−ingredients/parabens−cosmetics
- Griffin, William C. 1949, "Classification of Surface−Active Agents by 'HLB'", Journal of the Society of Cosmetic Chemists. 15: 311?26
- Griffin, William C. 1954, "Calculation of HLB Values of Non−Ionic Surfactants", Journal of the Society of Cosmetic Chemists. 54: 249?56
- J. Pallingston 1998. 《"Lipstick: A Celebration of the World's Favorite Cosmetic"》. St. Martin's Press. ISBN 0312199147.
- Joseph AW, "Lawrence CP. You've come a long way baby: a history of cosmetic lead toxicity. Clinics in Dermatology". 2001;19:4:367−370.
- Lesley Adkins, Roy A. Adkins, "Handbook to life in Ancient Greece", Oxford University Press, 1998
- NCS국가직무능력표준 정밀화학제품 제조〉생리활성화 제품제조〉화장품 제조
- Rao, prathiba, "cosmetics and personal care products", vol 1, pp 380~382, Elsevier inc, 1998
- "The 500 Dalton rule for the skin penetration of chemical compounds and drugs". Bos JD, Meinardi MM. 93:165−9, 2000, Exp Dermatol.

찾아보기

Index

화장품 제조 –이론 및 실습

1판 1쇄 인쇄 | 2022년 11월 25일
1판 1쇄 발행 | 2022년 12월 5일

지은이 | 김나영 · 박초희 · 손효정
이주연 · 정 인

발행인 | 주병오 · 주민기

발행처 | 메디시안

경기도 파주시 회동길 209(파주출판도시)
대표전화 : 031-955-2777, 031-955-7577
팩스 : 031-955-7730
홈페이지 : www.ji-gu.co.kr
E-mail : jigupub@hanmail.net
등록번호 : 2005년 2월 16일
제 406-2005-000045호

ISBN 979-11-90839-68-6 값 24,000원

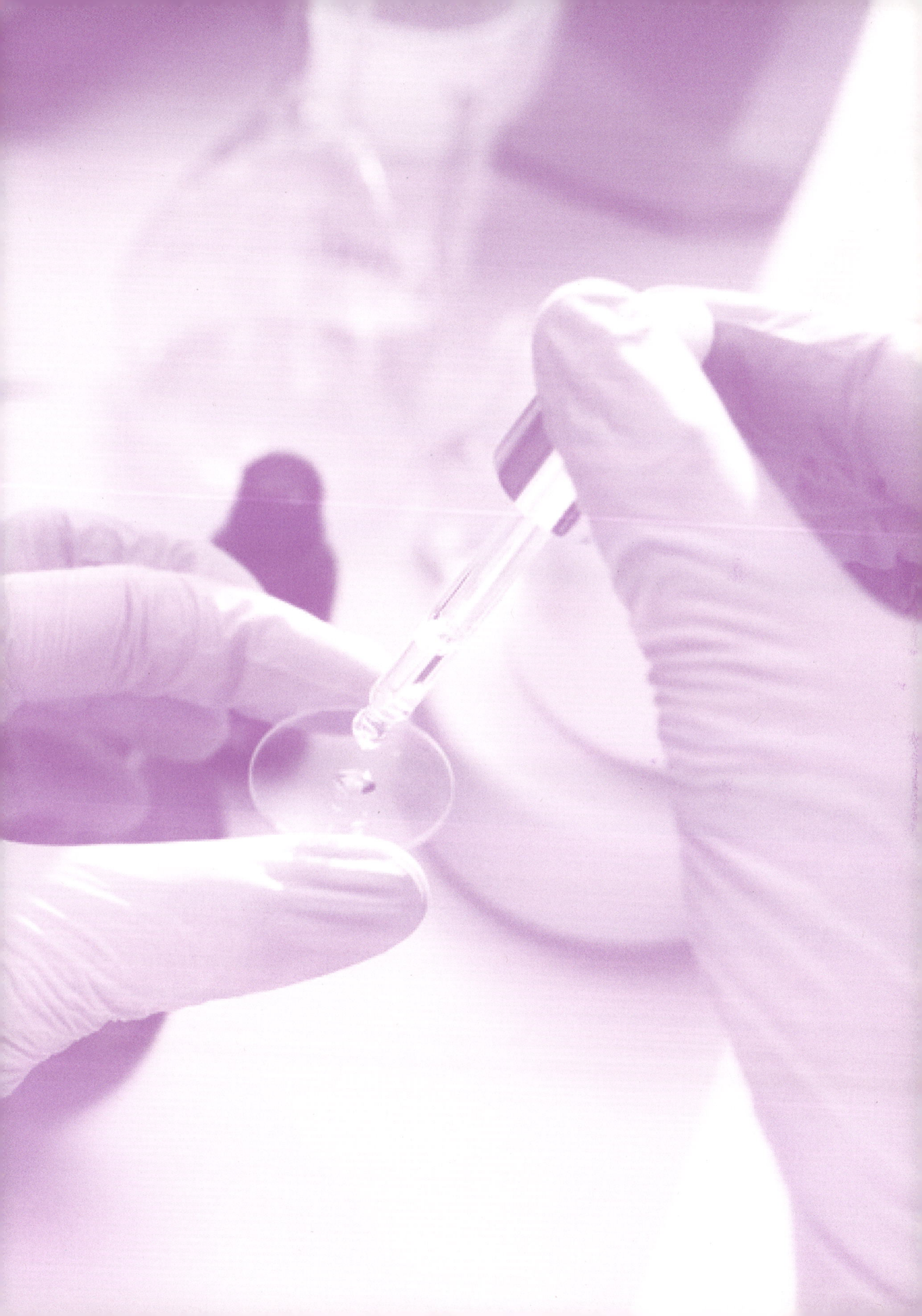